25の実例で学ぶ!

ビジネス資料のRe:デザイン

廣島 淳

Jun Hiroshima

はじめに

本書は情報量の多い資料を対象にしています

資料は誰に、どのように伝えるかで、どう作成するかが決まります。特に、1枚のスライドに入れ込む情報量が大きく変化します。
口頭で説明することができるプレゼン資料であれば、キーポイントの部分だけをスライドに入れ、情報を絞った方が相手にも伝わりやすくなります。一方で、口頭で説明できずにひとり歩きすることが前提の資料では、誤解や抜け漏れを防ぐために情報量を多くせざるを得ません。
ただし、情報量が多くなることで読む気をなくさせてしまっては、元も子もありません。本書はいかに必要な情報を削らずに、わかりやすく伝えるかの工夫を記載しております。

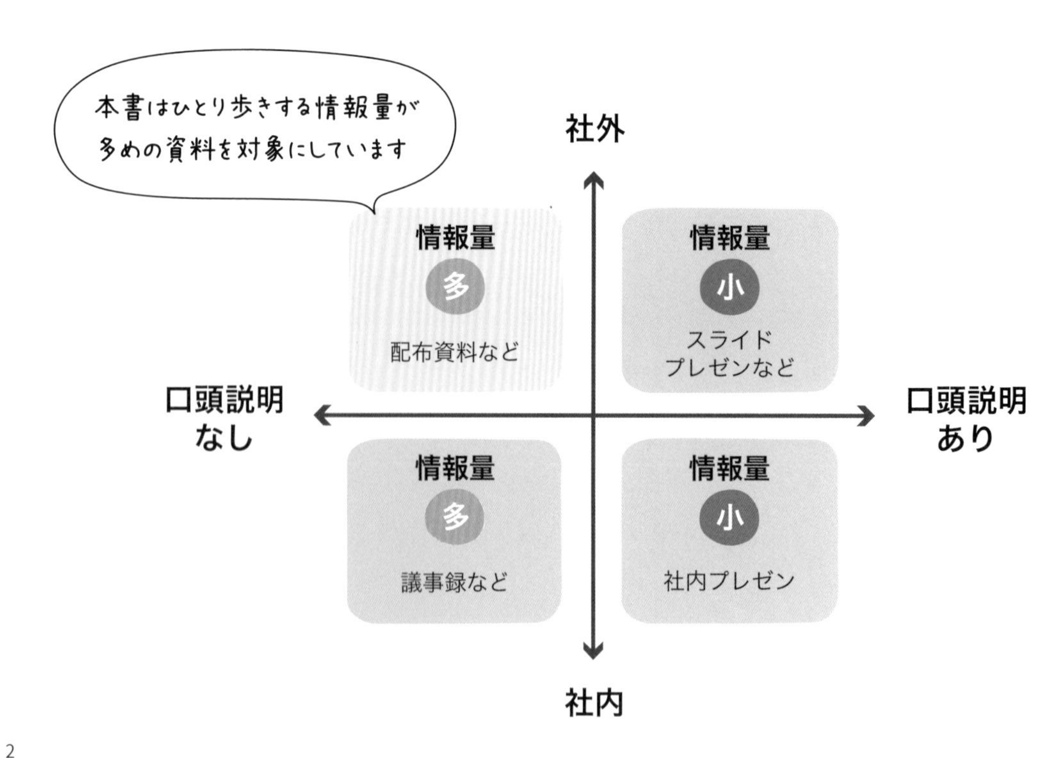

本書で紹介するリデザインとは

日本政府が作成する資料には、「ポンチ絵」といわれる見にくいものがあります。原因は、スライド1枚の中にギュッと情報を詰め込みすぎているからです。
しかし、実際の現場では、そのスライドの中にそれらの情報を残しておかなければならない場合も多いです。元の情報量のままわかりやすく、リデザインするということがビジネスの現場のスライド作成に求められる能力です。本書では、そこにフォーカスして解説していきます。

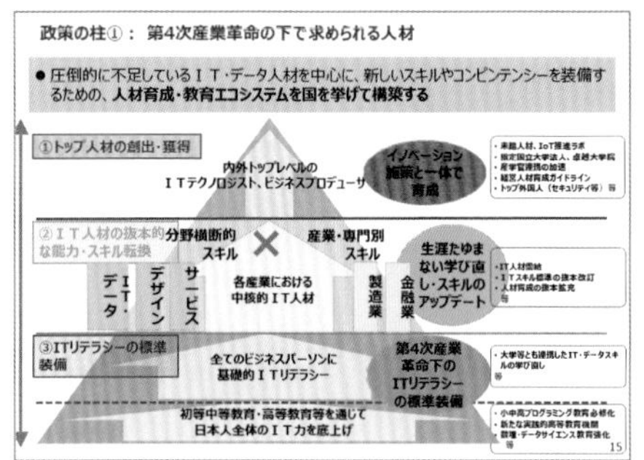

色数が多く、情報が塊として見えないため、
ごちゃごちゃとした印象を与える

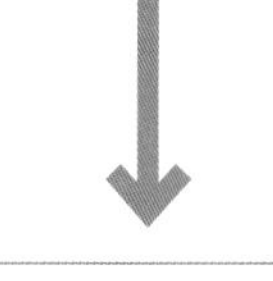

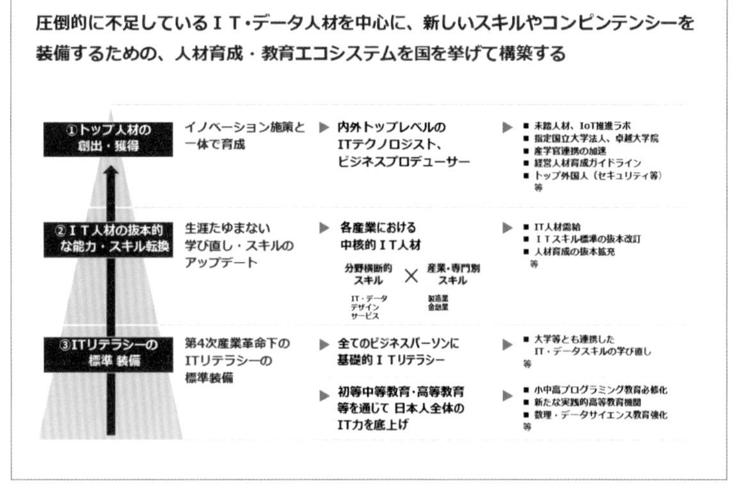

色数を絞り、情報の構造と塊をしっかりと作ることで、読む人の負担を減らす。

CONTENTS

第2章

リデザイン事例

未来ニーズから価値を創造する
イノベーション創出に向けて
未来ニーズから価値を創造する
イノベーション創出に向けて
未来ニーズから価値を創造する
イノベーション創出に向けて
目次
目次
目次
目次
産業政策、雇用労働政策にとどまらず
教育・人材育成、社会保障等、
様々な政策を総動員した改革パッケージが必要
新しい
5つのポイント

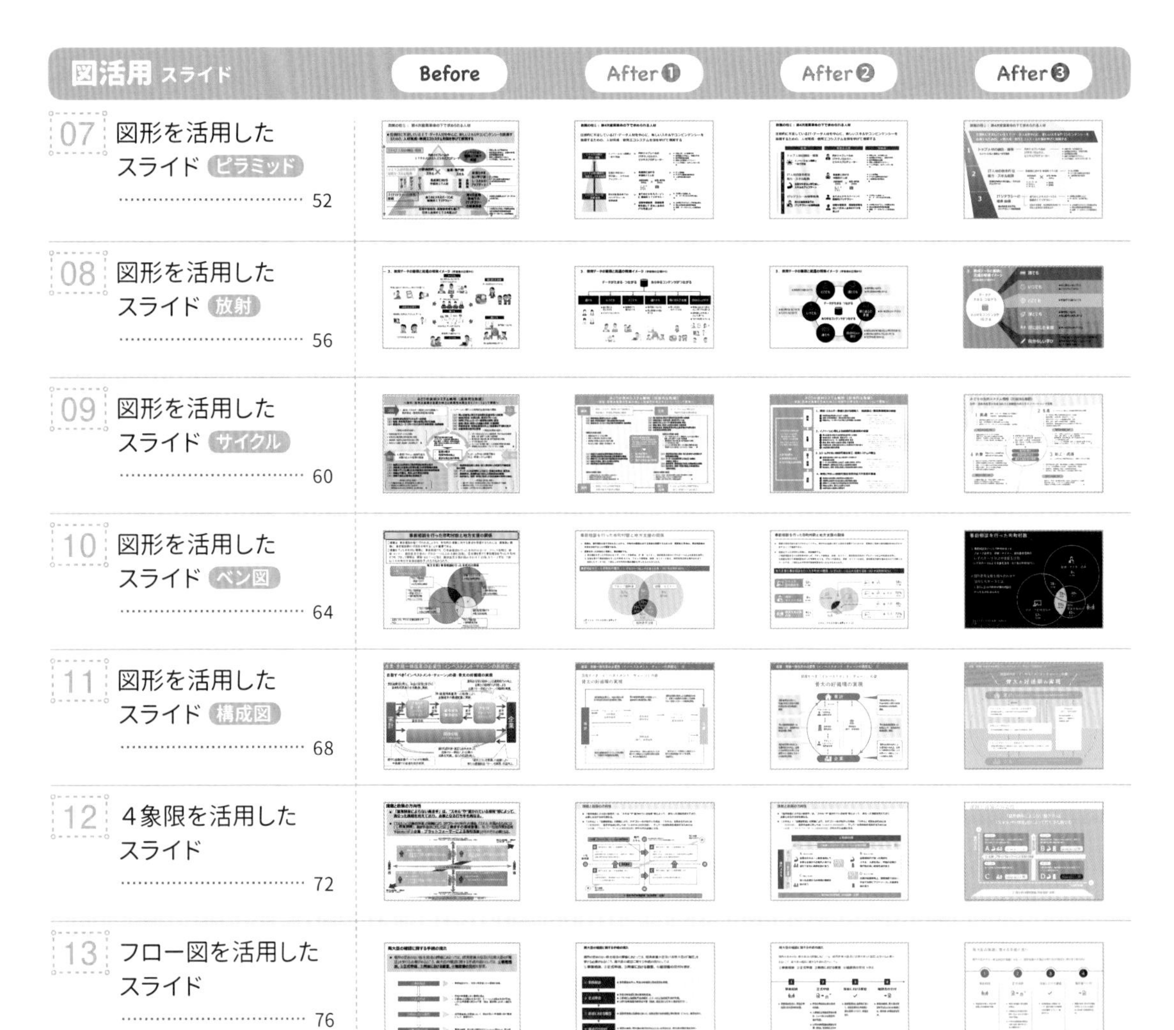

図活用 スライド | Before | After❶ | After❷ | After❸

表 スライド
Before
After❶
After❷
After❸

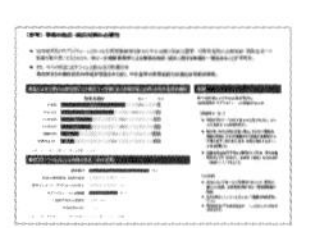

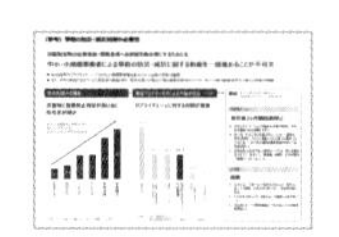

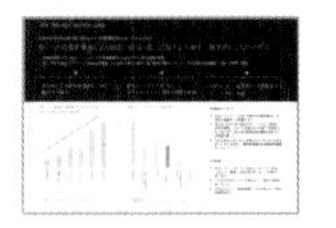

第3章

2章で使ったパワポのテクニック

本書の使い方

スライドを見やすくする「考え方」「事例」「テクニック」「課題」を紹介

本書は１章でリデザインをする際に重要な考え方を記載し、２章で具体的な事例をベースにリデザインを行い、３章では２章で作成したときに活用したパワーポイントの機能を紹介しています。データをダウンロードして動画を見ながら、実際にリデザインしてみましょう。

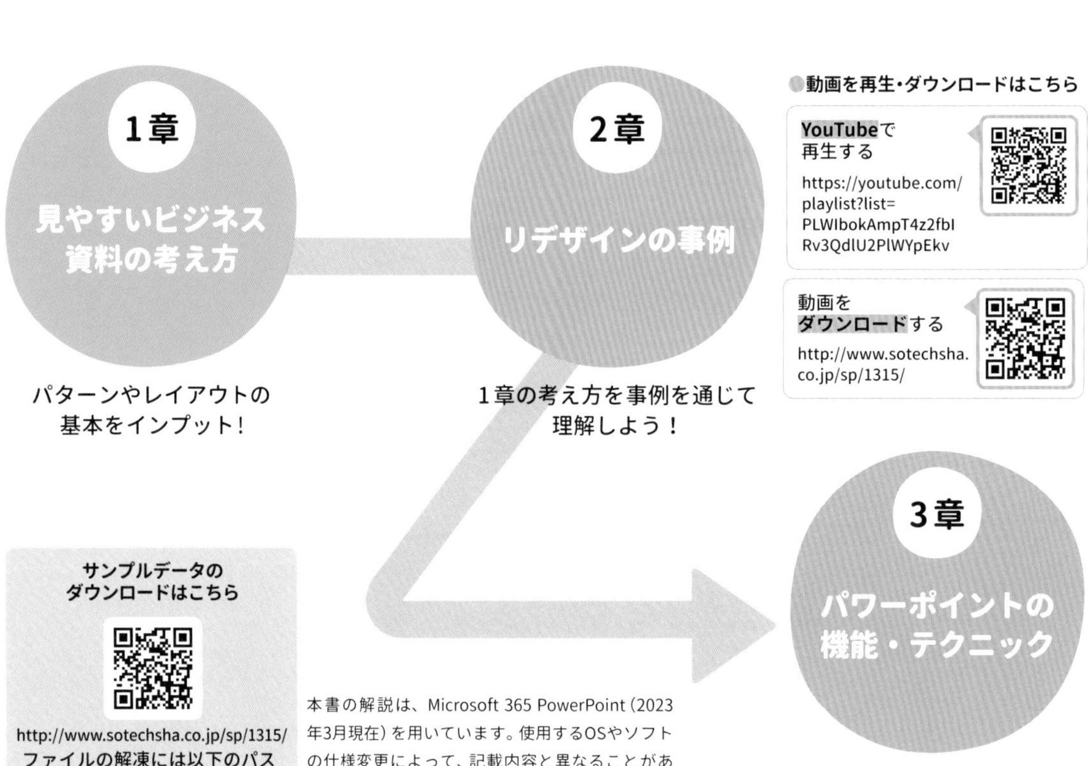

本書の解説は、Microsoft 365 PowerPoint（2023年3月現在）を用いています。使用するOSやソフトの仕様変更によって、記載内容と異なることがあります。２章に記載の動画QRコードはYouTubeにリンクします。

第1章

見やすい
ビジネス資料の考え方

01 リデザインの一歩は「情報の整理」から

情報の羅列はわかりにくい

見た目のデザインが良いからわかりやすいのではなく、情報をデザインするからわかりやすいのです。
わかりやすいデザインとは**情報の整理**なのです。
おしゃれな装飾は伝えたい情報ではなく、感じてほしい「イメージ」のために必要です。

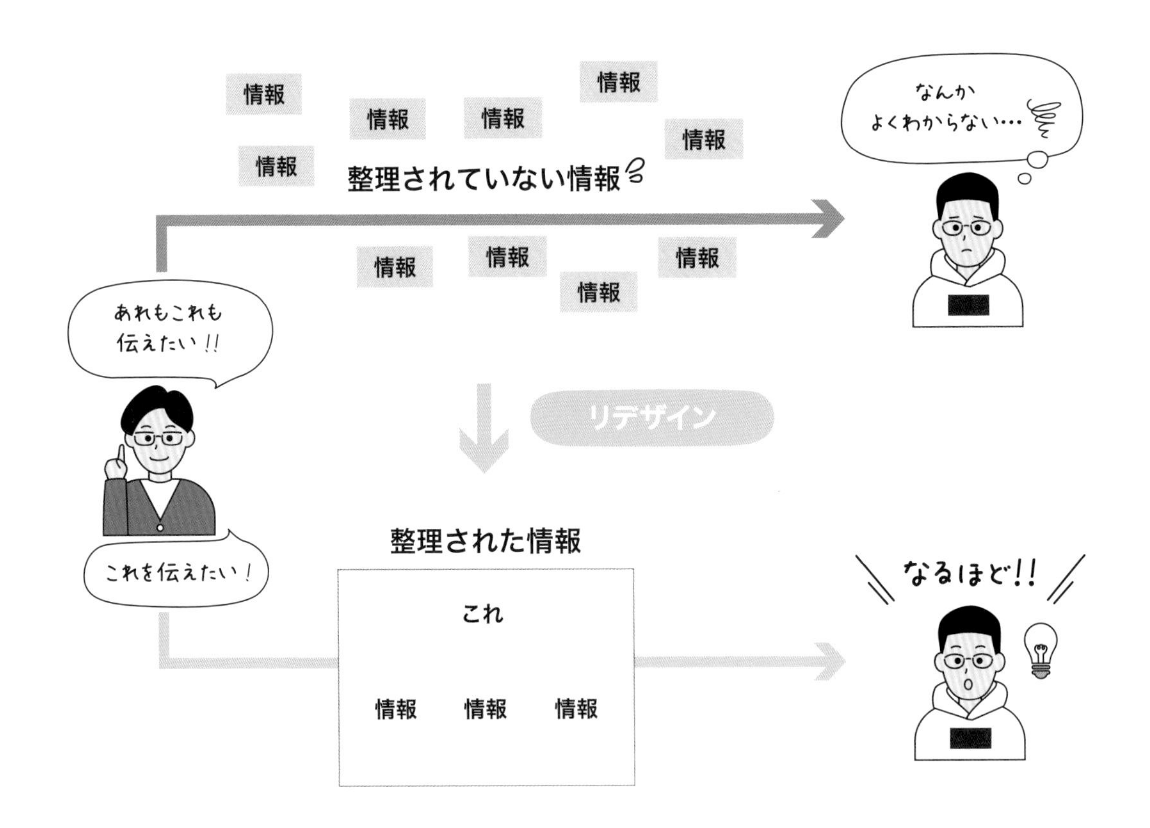

情報に優先順位をつける

情報量の多いスライドをわかりやすくリデザインするためには、そのスライドの内容を深く理解し、最も伝えたい内容をピックアップし、補足となる情報との差をつけることが重要になります。そのときに「で、結局何が言いたいの？」という問いに対する答えが、最初に目に入るような工夫をすることで、格段にわかりやすくなります。

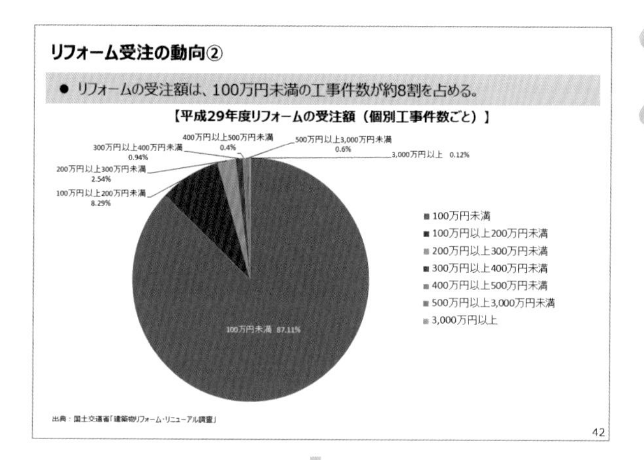

情報にメリハリ（優先順位）がついていないため、どこを見ればいいかがわからない。

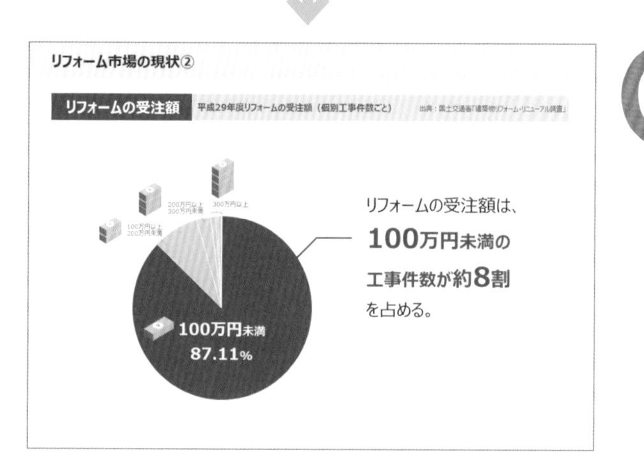

情報にメリハリ（優先順位）をつけることで、強調している部分を見ればスライドの内容が伝わる。

02 情報の整理の基本　レイアウトの原則

資料レイアウトの原則「反復」「整列」「近接」「強調」「余白」

資料をキレイに作るためにはこの原則が欠かせません。この原則を使って、情報を整理します。少し難しくいうと、**情報の構造や関係性を明確にすること**です。
資料全体でこのルールを守ることで、読みやすく、理解しやすい資料が作れます。何人かで資料を作ると、ルールを共有していないと統一感のない資料になってしまいやすいので、気をつけましょう。

「反復」は複数枚のスライドで意識する

「反復」という考え方も、デザインの原則としてよくピックアップされます。こちらは、同じような構成で複数枚続くスライドのときに、同じレイアウトを採用することでわかりやすくするという考え方です。

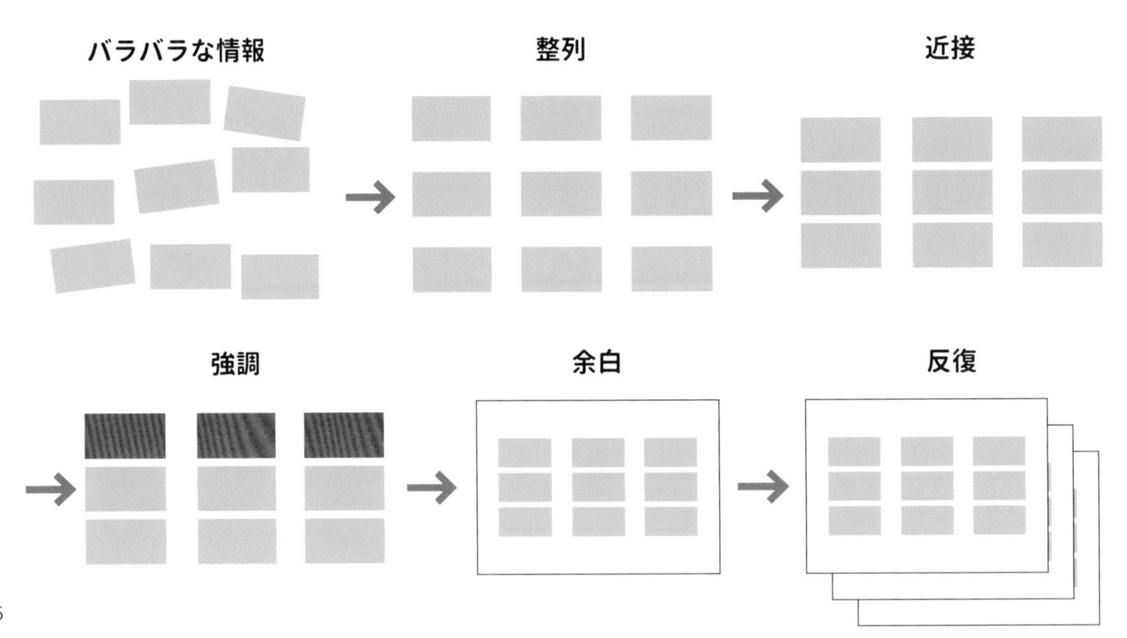

「整列」とは情報の整理整頓

縦・横しっかり揃えることで、情報の階層をきちんと伝えることができます。整列させることはキレイに見せることではなく、情報をしっかりと整理することだと考えましょう。

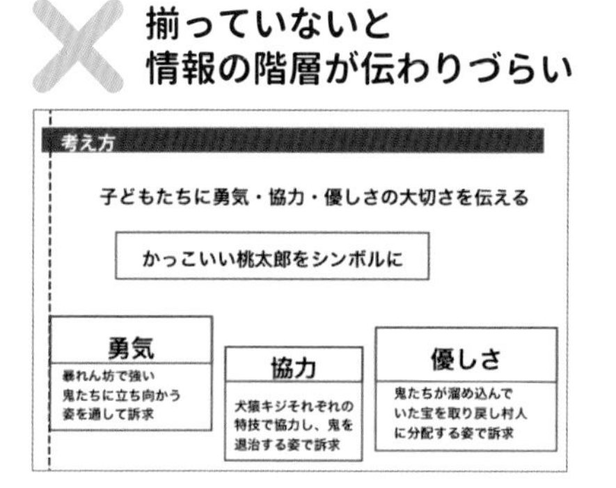

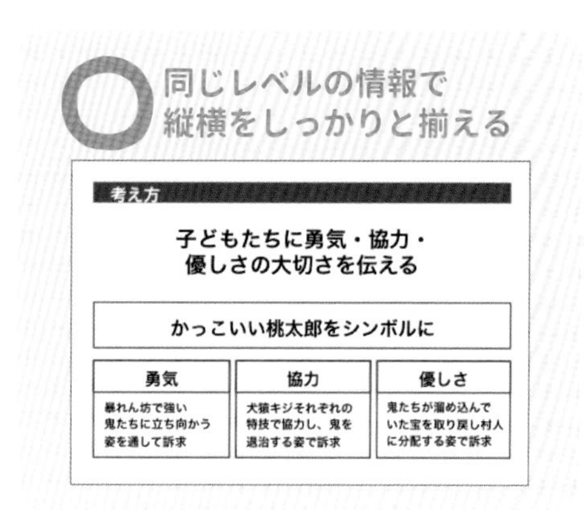

「近接」とは情報のグループ化

特に関連が強い情報を近くに配置し、情報のまとまりを作ることです。別の構造の文章とは、思い切ってスペースをとりましょう。読み手が解読しなくて良いように考えて配置しましょう。

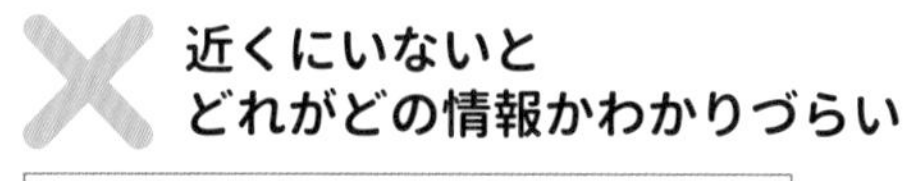

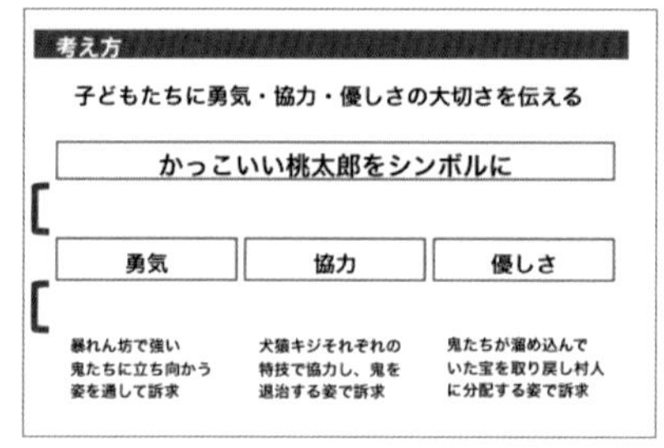

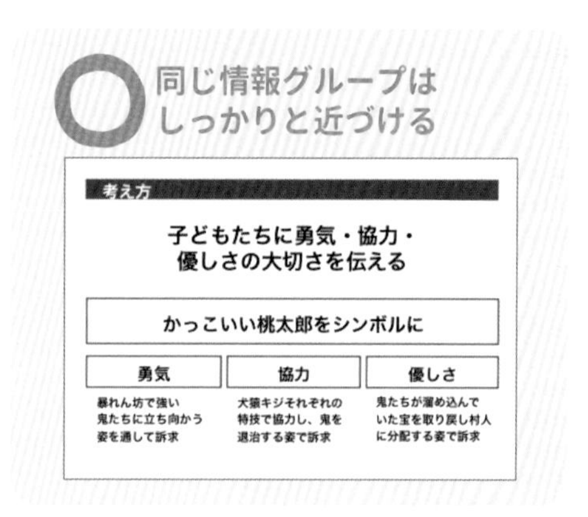

「強調」とは情報の優先順位付け

そのスライドで最も伝えたいことを目立たせます。特に情報量が多いスライドは、情報にメリハリがついていないと、どこを見ればいいかわからずに理解が遅くなってしまいます。
スライドを一目見て、最初に伝えたいメッセージが目に入るように工夫しましょう。

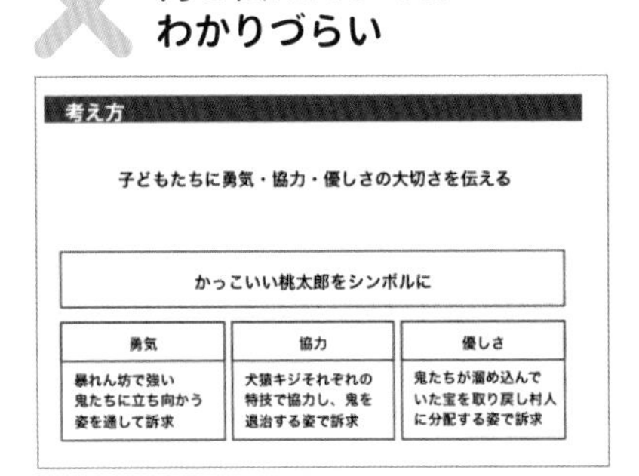

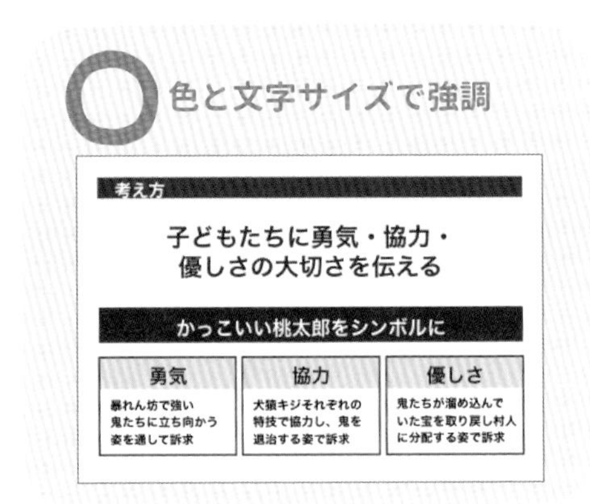

「余白」とは図形の一つ

図形や文字がギュウギュウに詰まっていると、読みにくく、情報の区切りがわかりづらくなります。
「整列」「近接」を意識しつつ、「余白」を効果的に「配置」することでわかりやすさはグッと上がります。
「余白」も図形の一つと認識しながら、レイアウトすることがコツです。

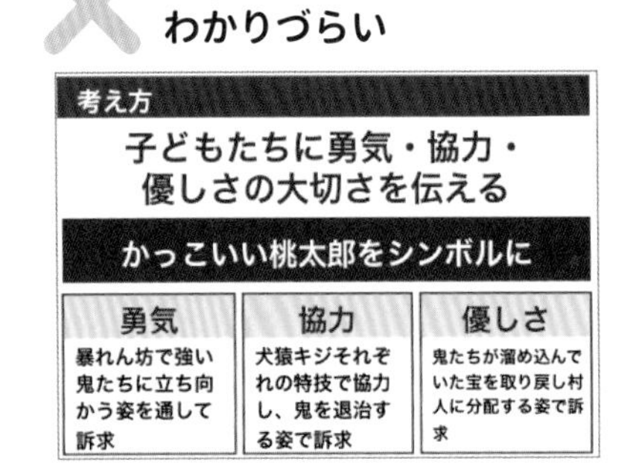

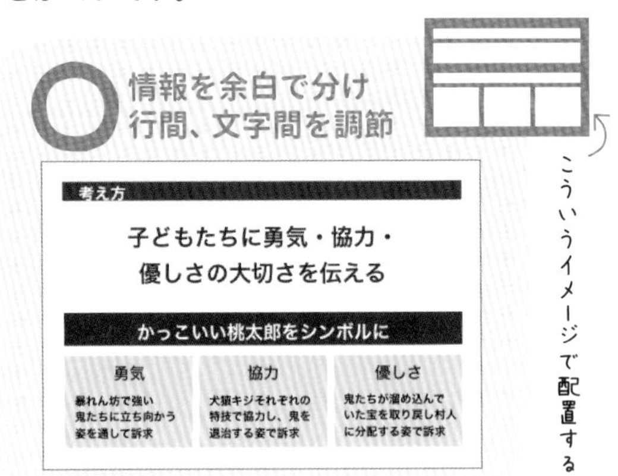

03 本書で使うリデザイン・テクニック14

ヒントとしてのリデザイン・テクニック14

リデザインを行う際に使えるテクニックを紹介します。2章でも活用しているテクニックです。これがすべてというわけではありませんが、レイアウトの原則を守りながら、こういったテクニックをヒントに、よりわかりやすい資料へとリデザインしていきます。

① 色の統一と強調
② 見出しの強調
③ 図の縦横を変更
④ 図の位置を変更
⑤ 情報の面積を揃える
⑥ 表組みにする
⑦ フロー図に変更
⑧ 画像を使用する
⑨ アイコンを使用する
⑩ 多色使いする
⑪ まとめコメントを追加
⑫ 線でつなぐ
⑬ 図の中に文章を加える
⑭ 背景に色を敷く

レイアウトの原則　「反復」「整列」「近接」「強調」「余白」

① 色の統一と強調

使用している色が多いと雑多な印象になります。作成者は、ルールを決め、意図を持って色を使っていたとしても、読み手にはそこまで伝わりません。
そこで、使う色を3色程度に絞りルールを単純化します。赤字は重要な箇所など、直感でわかる配色にすることで、読み手に重要度が伝わりやすくなります。

✕ 使用色が多すぎる

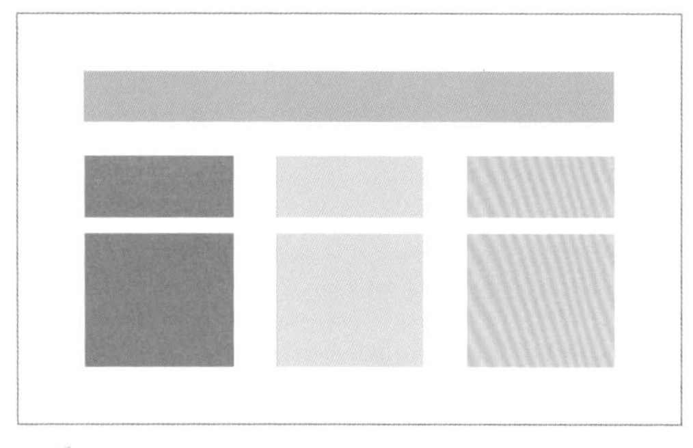

情報を分けるために色を使いすぎて、使用しているルールがわかりづらくなっている。

○ 色を絞る

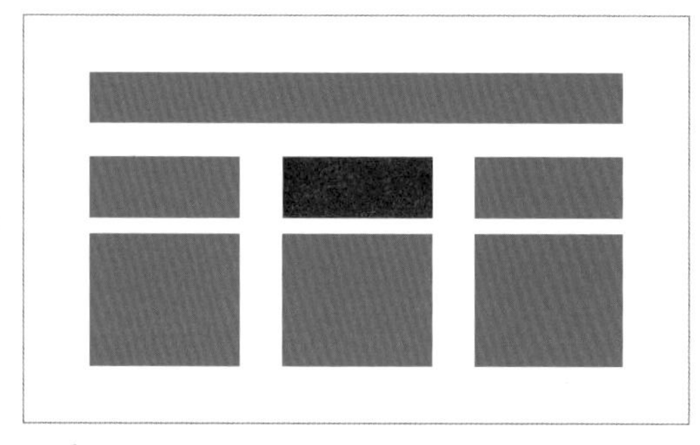

色を絞り、使用するルールを単純化することでメリハリをつけやすくなる。

配色を決めるステップ

ベースカラー
コーポレートカラーや資料の雰囲気に合う色を選びます。

↓

アクセントカラー
目立たせたいときは色相の反対色を、調和させたいときは同系色を選ぶといいでしょう。

文字色
黒を使うことが多いですが、ベースカラーやアクセントカラーに合わせて見やすい色を選んでも良いです。

② 見出しの強調

タイトルとなる見出し部分と、詳細な内容の文章が同じ見え方だと、どちらが重要か一目でわかりづらいです。まずは、「何に関して書いてあるのか」がわかるように、タイトルとなる見出しを強調してみましょう。そうすることで、一目で情報の構造が理解しやすいスライドになります。

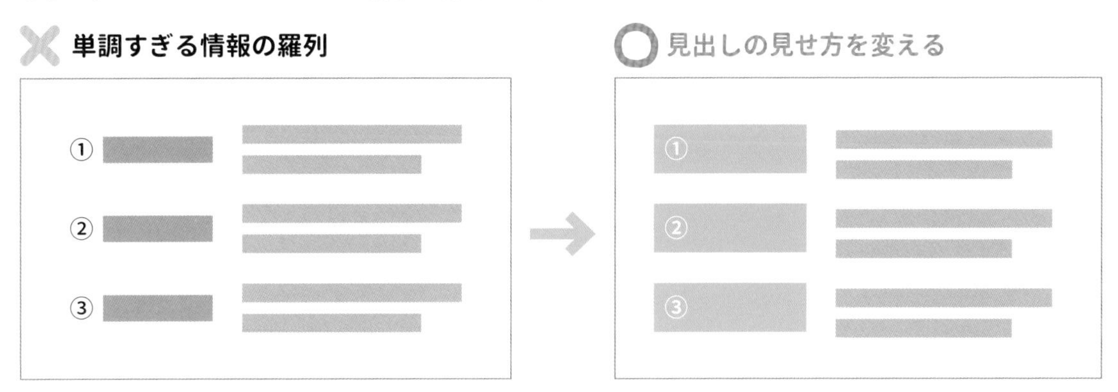

③ 図の縦横を変更

16：9の横長サイズのときや文章量が多くないときは、図や文章を横に並べると、情報をより並列に見せることができます。上から下に情報を並べると、無意識に上から優先順位がついているような感じを受けますが、横に並べるとそれらの印象を緩和できます。

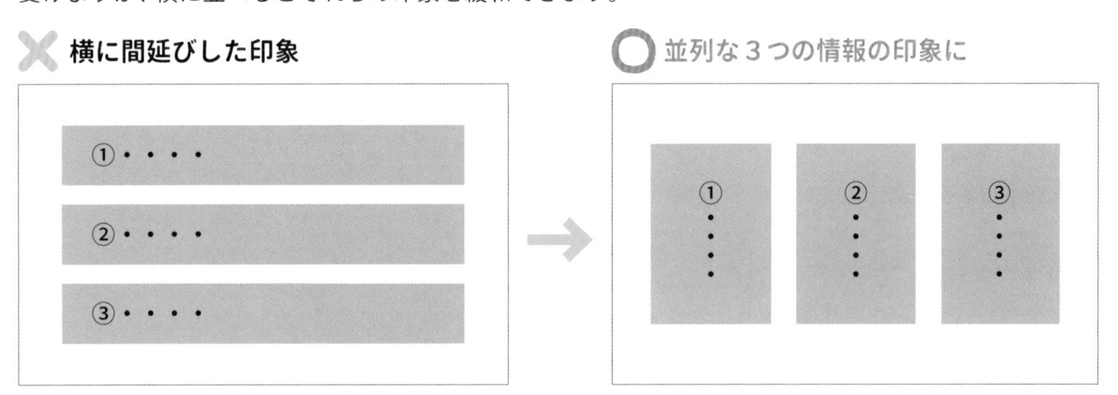

④ 図の位置を変更

オブジェクトごとに関係性がある場合は、すべて同じレベルで揃えて表現するよりも、位置関係を工夫することで、伝えたい内容の関係性を直感的に理解しやすくなります。
情報の強弱や、この②③の情報は①の情報の補足、などの構造をわかりやすくします。

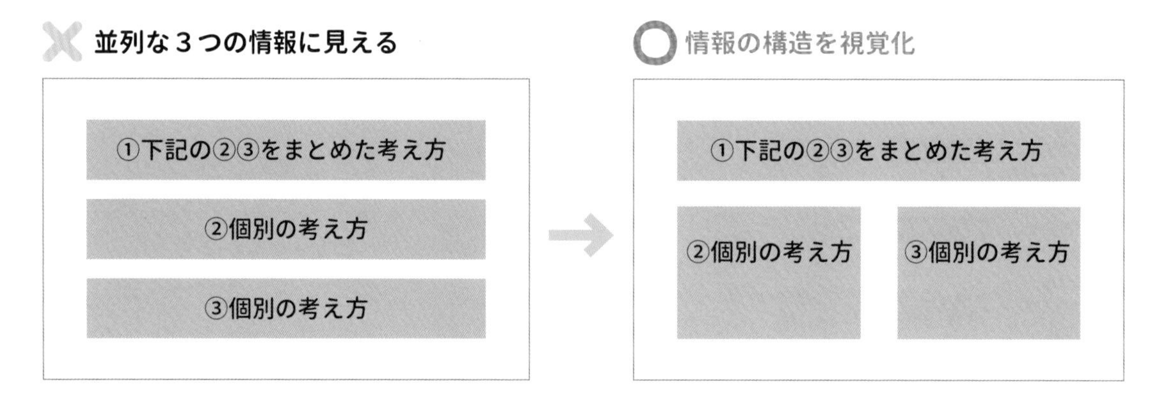

⑤ 情報の面積を揃える

並列な情報を羅列する場合は、まずは先に同面積の枠を作成し、そこに収まるように文字サイズなどを調整しましょう。そうすると、情報ごとに強弱ができずに一覧性が高まります。
縦・横・表組みなど、同じ面積であれば色々なレイアウトの可能性があります。

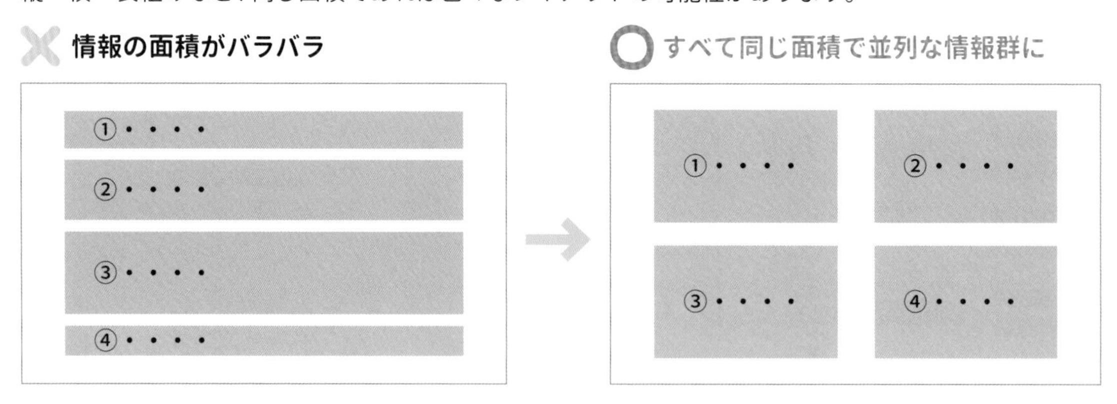

⑥ 表組みにする

わかりやすくしようとして文章が多くなると、逆にわかりづらくなることもあります。
そのときは、シンプルに表組みをベースに、リデザインすると情報が整理され各項目を比較しながら見やすい資料となります。

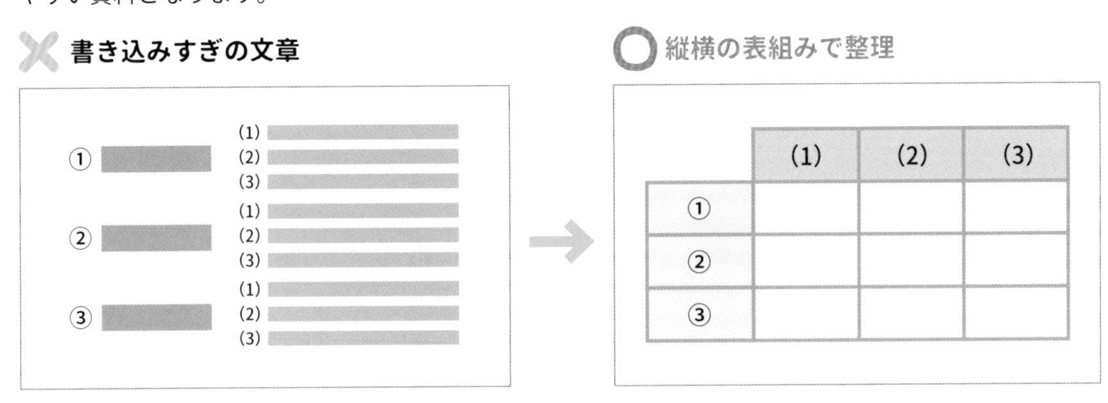

⑦ フロー図に変更

順番や流れを説明するときに、数字や文章だけで解説すると、順番なのか単なる箇条書きの数字なのかわかりづらくなります。
そういったときに、図を用いたフロー図にすると流れがわかりやすくなります。

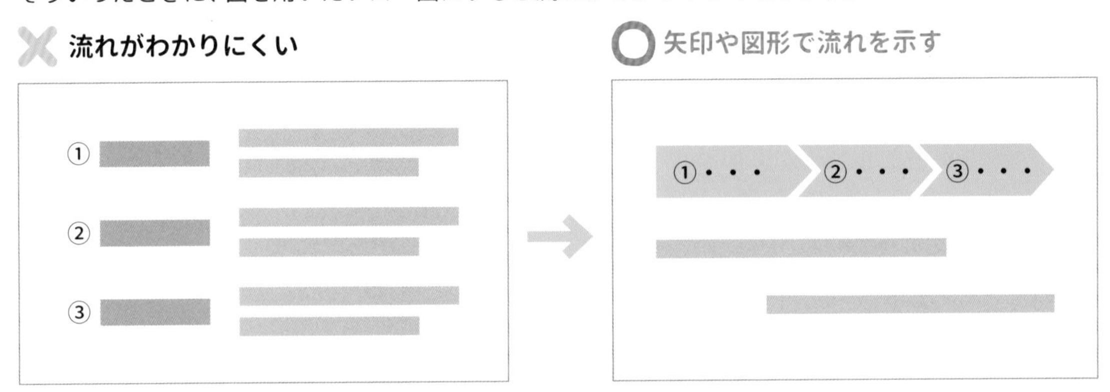

⑧ 画像を使用する

文章と図だけでは味気なく、内容のイメージがしにくくなります。内容に合わせた画像をサブ的に挿入することで、より早い理解を促すことができます。ただし、画像探しに時間がかかるようであれば画像は諦めて、まずは資料の完成を目指しましょう。

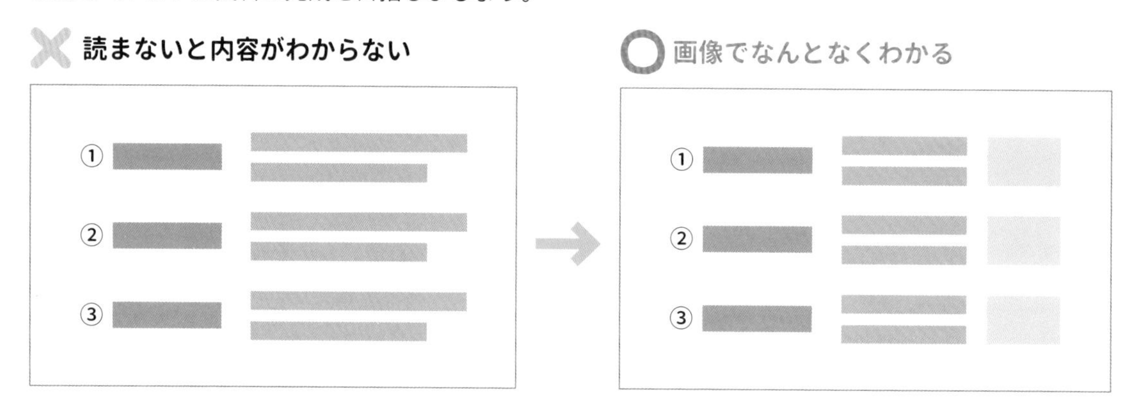

⑨ アイコンを使用する

アイコンも画像と同様に一目で、イメージを伝えることができるので、内容に合わせてサブ的に使用することでより早い理解を促すことができます。アイコンは画像と違い、自分でも作成できるので、使い勝手が良いです。また、よく使うアイコンサイトはブックマークしておくといいでしょう。

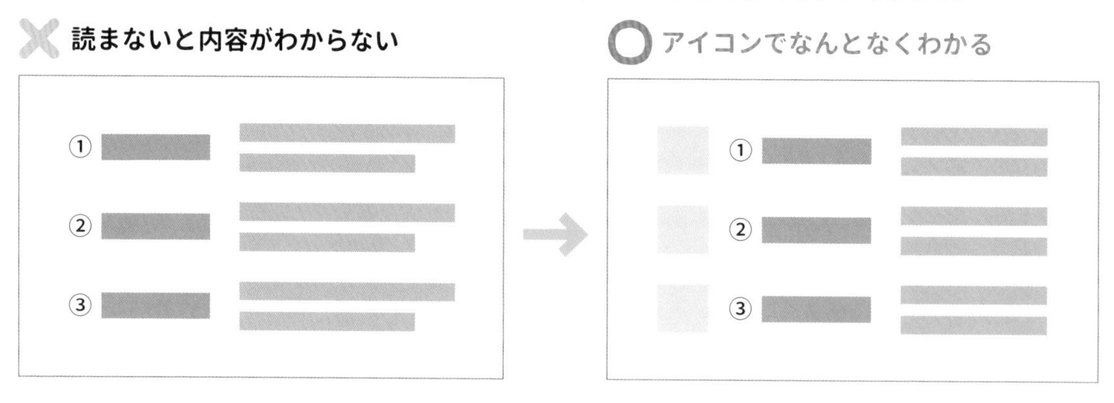

⑩ 多色使いする

多色使いは避けるのが原則ですが、情報を大きく分けて伝えた方がいい場面では効果的なこともあります。特に、枚数が多い書類などでは章ごとに色を分けて作成するなどの工夫も考えられます。

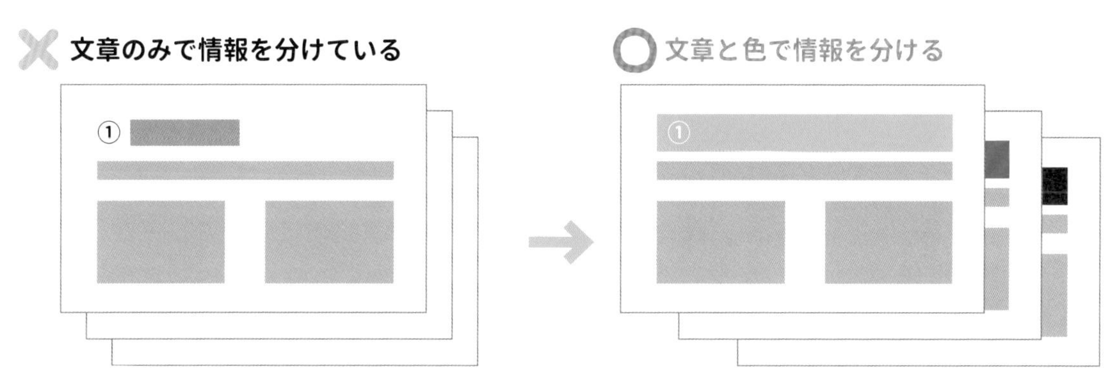

⑪ まとめコメントを追加

複数の要素を入れる必要があるスライドでは、各要素が伝えたいことを要約したコメントを追加すると、読み手もストレスなく読むことができます。
本当は1スライドに1，2行のまとめコメントのみが最も伝わると思いますが、口頭で説明できない資料など齟齬（そご）のないように文字が多くなることもあります。

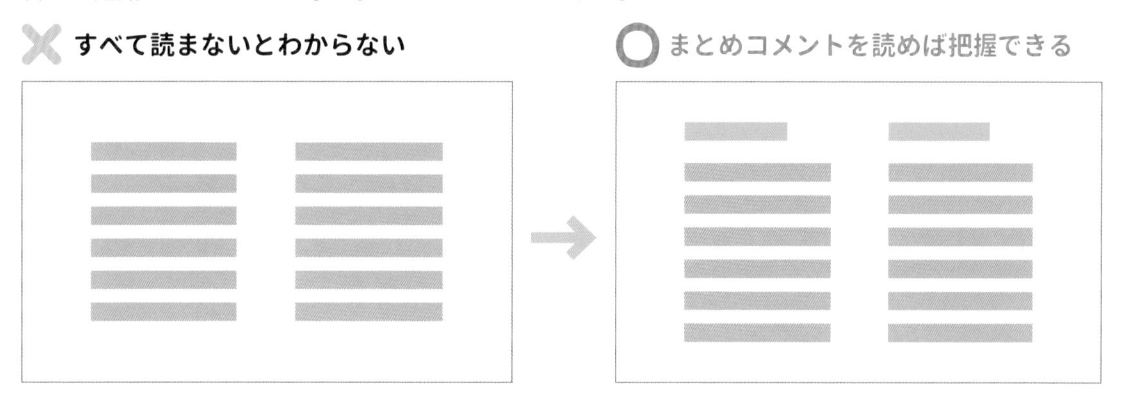

⑫ 線でつなぐ

情報の関連性を示すために矢印を使用することはよくあります。矢印は、「方向・流れ」を意識させるときに使い、線は「つながり」を意識させるときに使用するといいでしょう。伝えたい内容に応じて使い分けていきましょう。

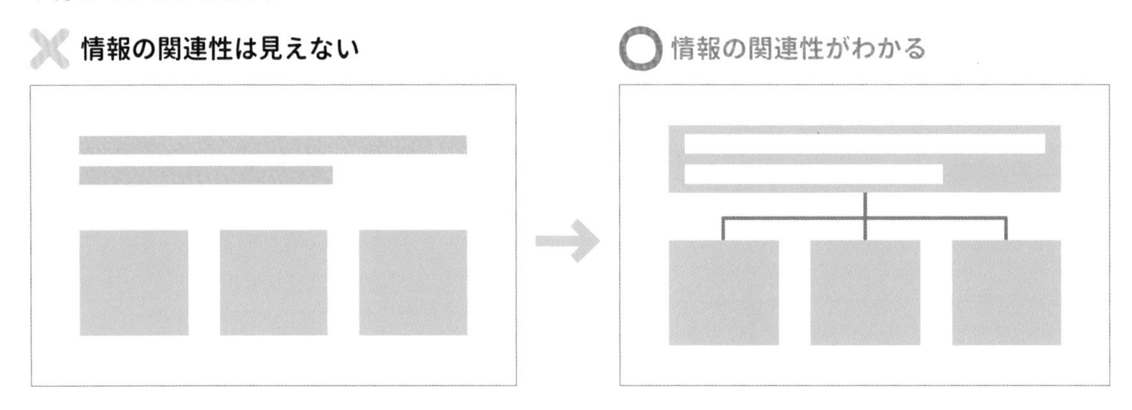

⑬ 図の中に文章を加える

図式とコメントを分けてレイアウトすることはよくありますが、図式の一部分を指すコメントがある場合は、図式の対象部分を強調するか、図と一体化させるとよりわかりやすくなります。
一体化させると、視線をコメント↔図と移動させる必要がなくなります。

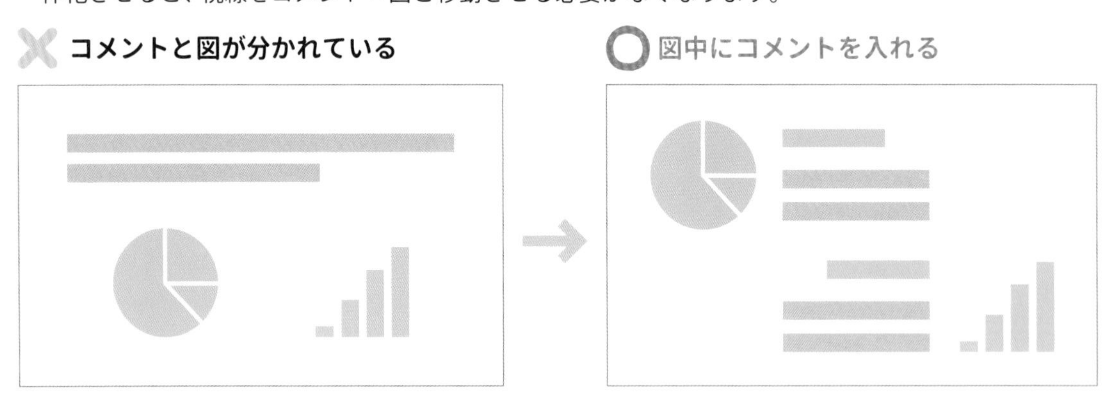

⑭ 背景に色を敷く

スライドの背景全面に色を敷くと、色が持つイメージによって感じてほしい印象を伝えやすくなります。例えば、スマートな印象を伝えるために青、フォーマルな印象を伝えるために紺色など。ただし、背景に色を敷くと印刷はインクを大量消費するので、ここぞというスライドで使用するのをおすすめします。

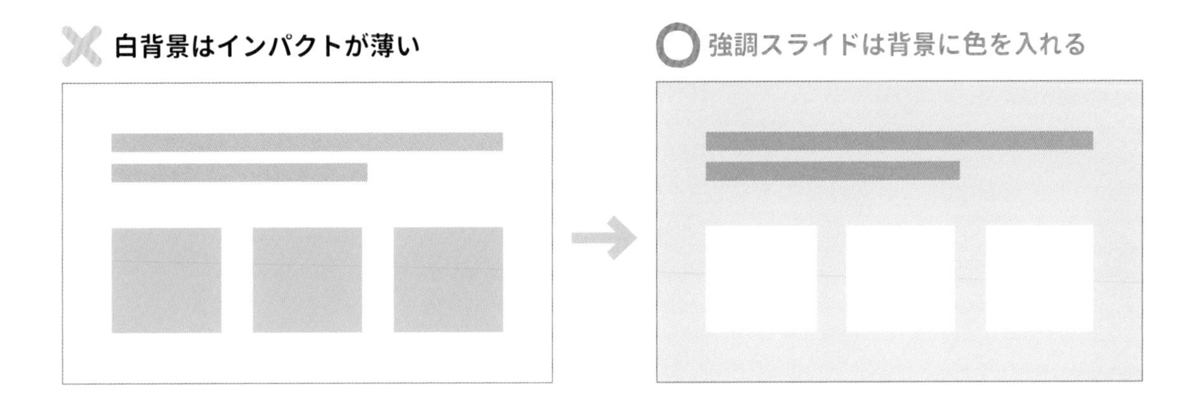

まずは全スライドのトンマナを合わせる

本書の事例では1枚ごとのスライドに焦点を合わせてリデザインしていますが、実際の資料は当然複数枚のスライドになります。
1枚1枚のスライドのデザイン的な美しさは必要ですが、それよりもまずは、その資料全体を通してのトーン＆マナーを揃えることが重要でしょう。例えば、全体を通してフォント、サイズ、色、タイトル位置が同じか、前後のスライドで整合性のある表現になっているか等です。
まずは最低限この調整をすることで、物語でいうところの「あらすじ」ができあがるイメージです。あらすじの調整ができた後に、個別のスライドに対して、より良い表現はないか等の検討をすることをおすすめします。
私も実際のリデザインのご依頼で、時間が限られている場合は、各スライドの細かい調整よりも、全体のトンマナを合わせることを優先して納品します。

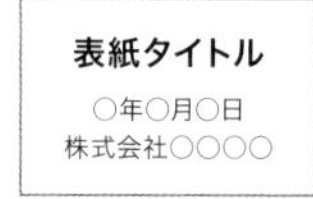

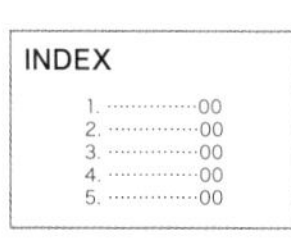

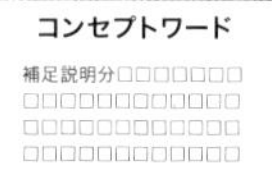

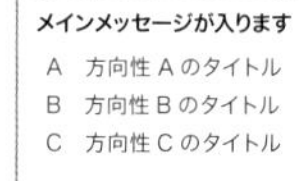

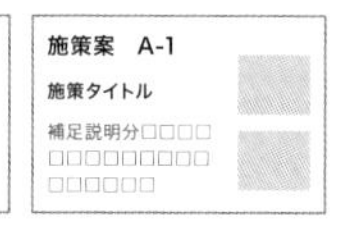

まずはフォント、サイズ、色、タイトル位置、前後のスライドで
整合性を調整し、資料全体のトンマナを整える

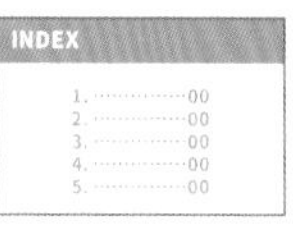

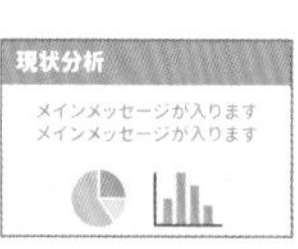

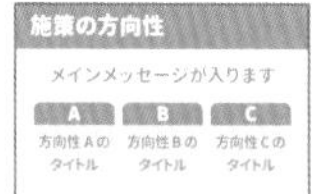

第2章

リデザイン事例

01 本章で紹介する３つのAfter

本書では、資料に応じて使い分けられるようにAfterを３つ用意

After ❶ は、情報を整理し優先順位をつけたものです。
情報のレベルを合わせ、整理整頓し、とにかくシンプルにわかりやすい見せ方を検討しています。

原本

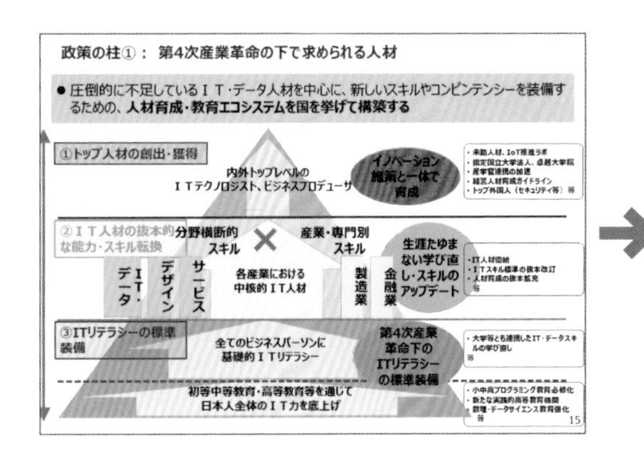

レベルと線が合っていない

After ❶

整理整頓

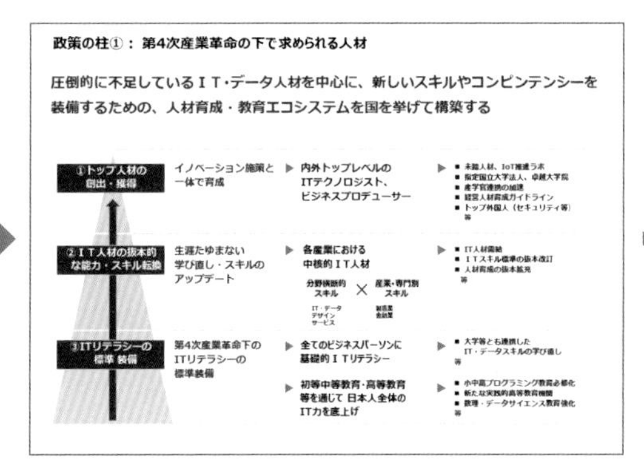

同じレベルの情報を揃えて
わかりやすく伝える

色々な用途に合わせたAfterを用意しました

◯ 優先順位とデザインの基本を反映したシンプルなブラッシュアップです。

After❷ は、After❶ をさらにわかりやすくするための見せ方、工夫ができないかを検討しています。
After❸ は、わかりやすさにプラスして、見る人に感じてほしい印象（スマート等）を与えるための検討をしています。

資料に応じてどのようなAfterを目指していくかを検討しながら、作成するのに役立てていただければと思います。

工夫をプラス

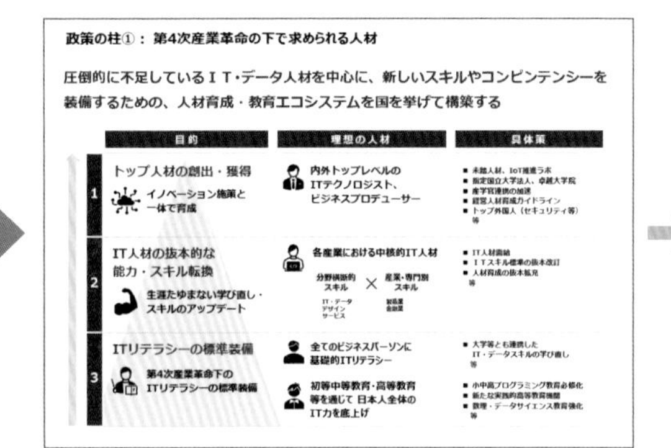

より強弱をつけ、伝わりやすいための
工夫をする

アイコンをつけたり、画像を入れたりと情報にさらに強弱をつけて、伝わりやすくします。

テイストをプラス

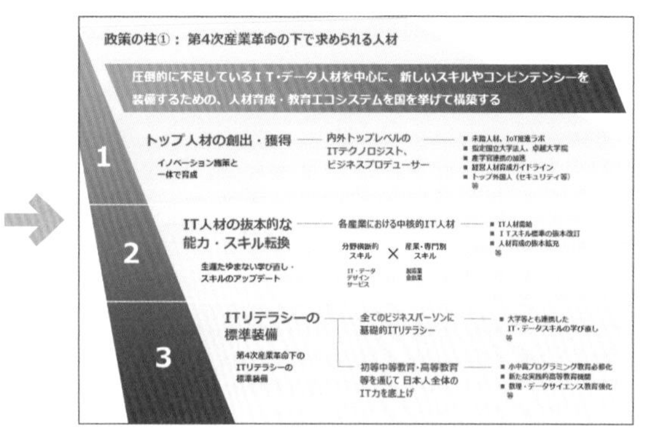

スマートな印象が必要な場合は
色や形を工夫し、テイストをプラスする

スライドの内容に合ったテイストをプラスすることで、内容と雰囲気をマッチさせます。

02 表紙スライド

表紙は、一番初めに目にするスライドです。自社のコンセプトやブランド、どんな資料の内容なのかを感じてもらうことが大切です。特に企業ロゴを入れる場合は、コーポレートカラーなどに気を配りましょう。

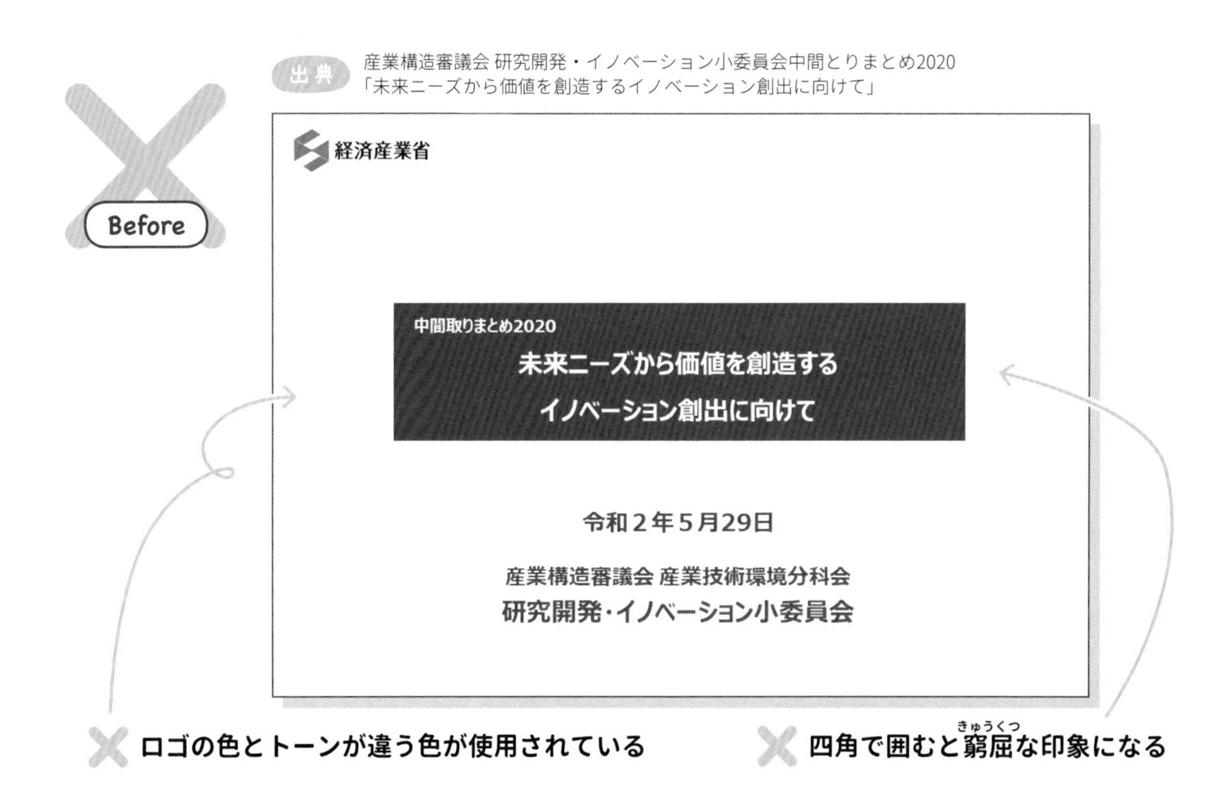

ポイント　関連した色を使用　ロゴや関連したモチーフを活用　内容に合わせた雰囲気を目指す

整理整頓 ロゴの色に合わせる

ロゴの色が１色の場合、その色を表紙に使用すると簡単にまとまります。スライドの端まで色を引いたツートーンデザインにすると、簡単に表紙のデザインができます。⑭ 背景に色を敷く（P27）

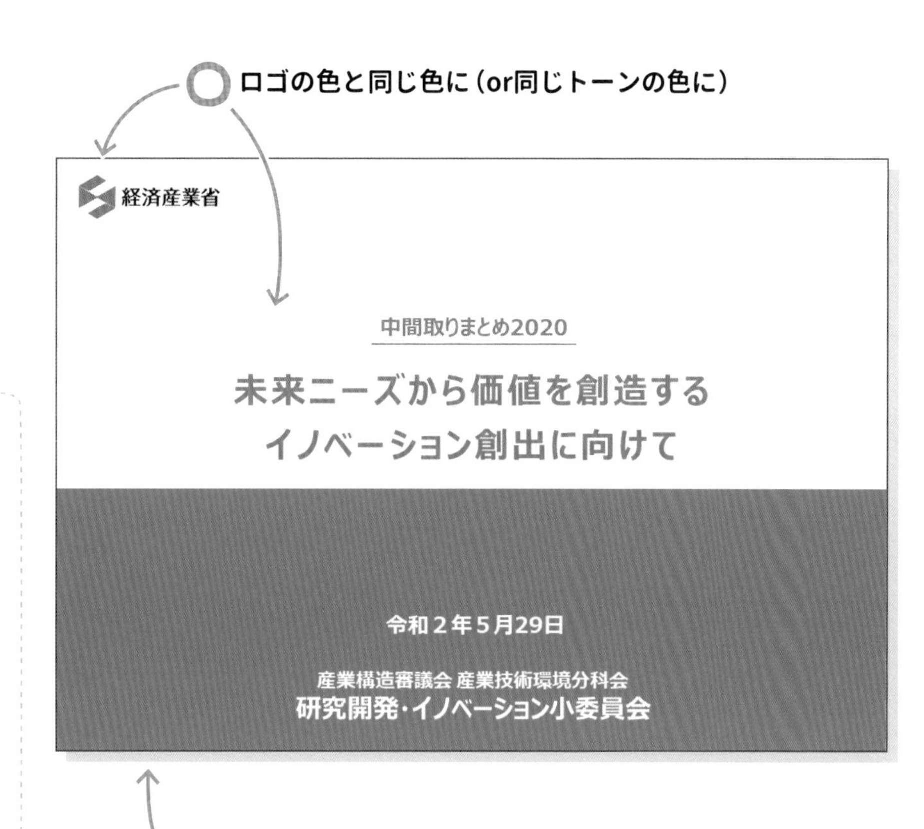

memo

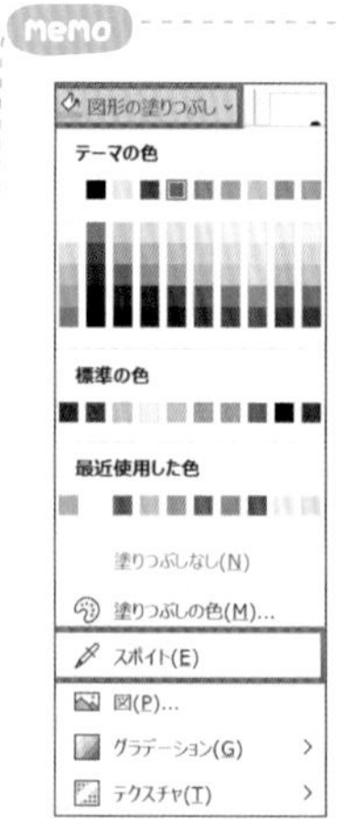

ロゴカラーを使用するときは「スポイト」を使用すると便利です。

工夫をプラス ロゴの形を活用する

ロゴのモチーフを背景に忍ばせて、水玉模様のようにします。大きさを均等にせず１つの起点から斜めに散らすとバランスを取りやすいです。

⑨アイコンを使用する（P24）

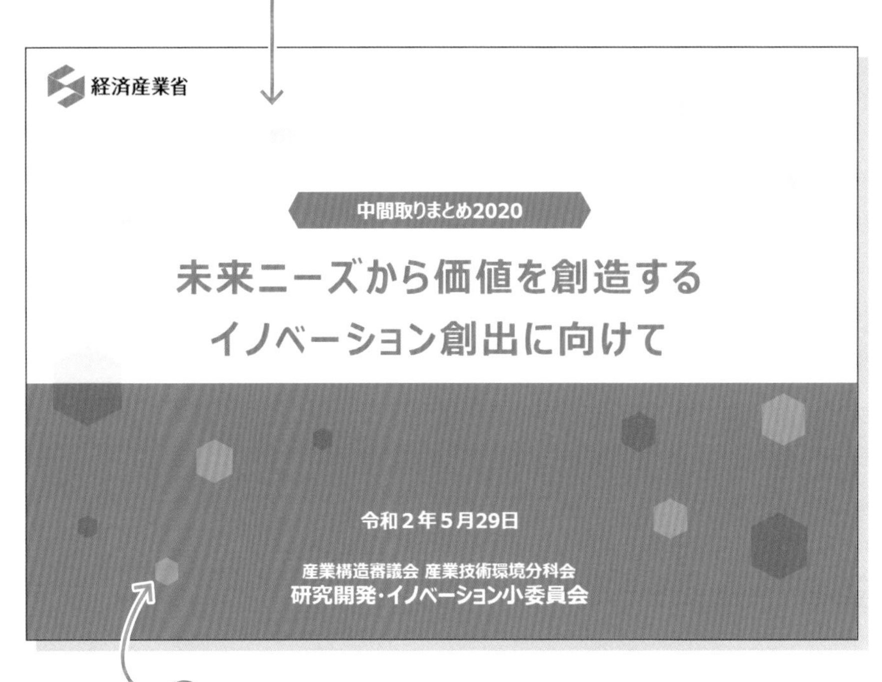

memo

モチーフとなる形を薄く背景に忍ばせる見せ方は、色々なスライドで使えます。あまり主張しすぎない程度にランダムに配置すればOK！

背景に模様があってリッチな印象になった！

テイストをプラス 斜めでシャープに

タイトルの「価値を創造する」を感じられるように、上の部分から光が差すイメージにしました。タイトルに合う画像を上からグラデーションの不透明度を下げて挿入し、トーンを合わせることができます。⑧ 画像を使用する（P24）

ロゴの青のトーンを活用してスマートな印象に

図形とグラデーションで方向性を感じさせる

★グラデーションに関しては P160へ

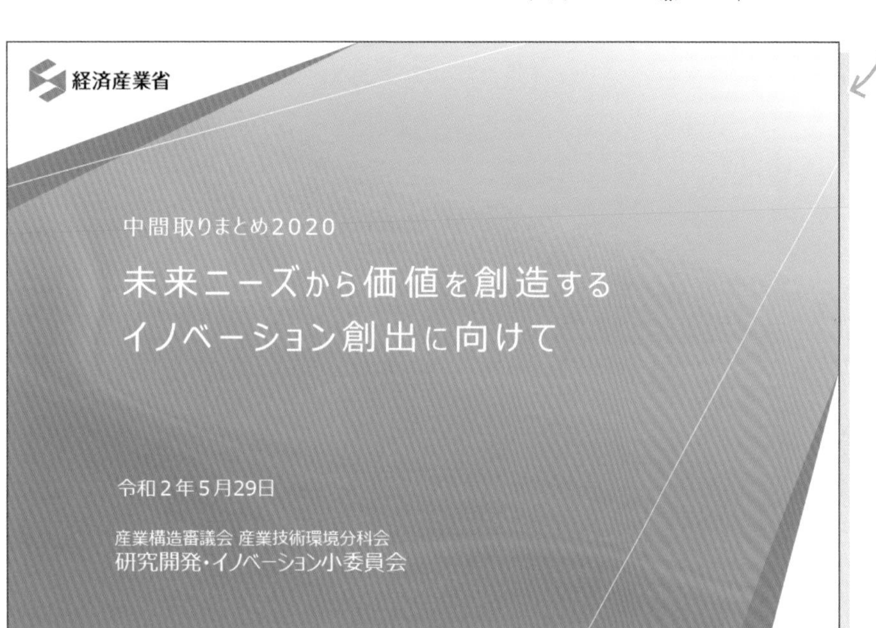

背景に画像を敷くことでスマートなスライドのイメージに

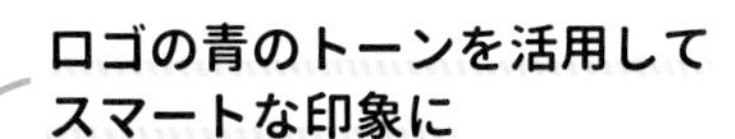

memo

この案ではスマートな印象にするために、斜めの構図、線を活用してみました。

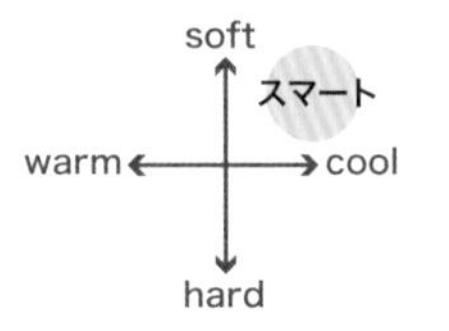

03 文章がメインのスライド 目次

目次の意義は、どの内容が何ページに書いてあるのかが一目でわかることです。特に、ページ表記の位置はしっかりと揃えるようにしましょう。

出典 内閣官房行政改革推進本部事務局
「各府省の取組において作成されたロジックモデルの例（令和3年度上期）」

目次

◎…新規予算要求事業(10億円以上)
◇…令和３年度公開プロセス対象事業

【内閣府】 出版諸費… p.2◇
地方版総合戦略の推進に必要な経費… p.3◇
途上国等におけるSTI for SDGsの推進…p.4◇
【消費者庁】 地方モデル事業… p.5
製造所固有記号･機能性表示食品届出ﾃﾞｰﾀﾍﾞｰｽの整備･運用… p.6◇
【総務省】 過疎地域持続的発展支援交付金… p.7◇
【法務省】 受刑者就労支援体制等の充実… p.8◇
【外務省】 グラスルーツからの日米経済強化プロジェクト… p.9◇
一般文化無償資金協力… p.10◇
【文部科学省】 核燃料サイクル関係推進調整等交付金…p.11◇
学校卒業後における障害者の学びの支援に関する実践研究事業… p.12◇
【厚生労働省】 高年齢者労働者処遇改善促進助成金… p.14
ひとり親家庭高等学校卒業程度認定試験合格支援事業（母子家庭等対策総合支援事業）… p.15◇
精神障害者保健福祉対策（うち依存症対策総合支援事業）… p.16◇
介護サービス情報の公表制度支援事業… p.17◇
療養病床転換助成に必要な経費… p.18◇
障害者の多様なニーズに対応した委託訓練の実施… p.19◇
【農林水産省】 食品等流通持続化モデル総合対策事業… p.20◇
外食産業事業継続安定化事業… p.22◎
多面的機能支払交付金… p.23◇
【経済産業省】 地域未来DX投資促進事業… p.24
Go To イベント事業… p.25◇
Go To 商店街事業… p.26◇
中小企業等事業再構築促進事業… p.27◇

 見出しとタイトルのまとまりがわかりづらい

 ページの表記の位置が見にくい

見出しを強調しよう　同じ情報を整列させよう　まとまりを意識しよう

整理整頓 揃える

目次はスライドを要約することも兼ねています。一目でどんなトピックスがあるかわかるように大項目を目立たせるといいです。

②見出しの強調（P21）

大項目を黒ベタにして見え方を変える

作り方動画 Check!

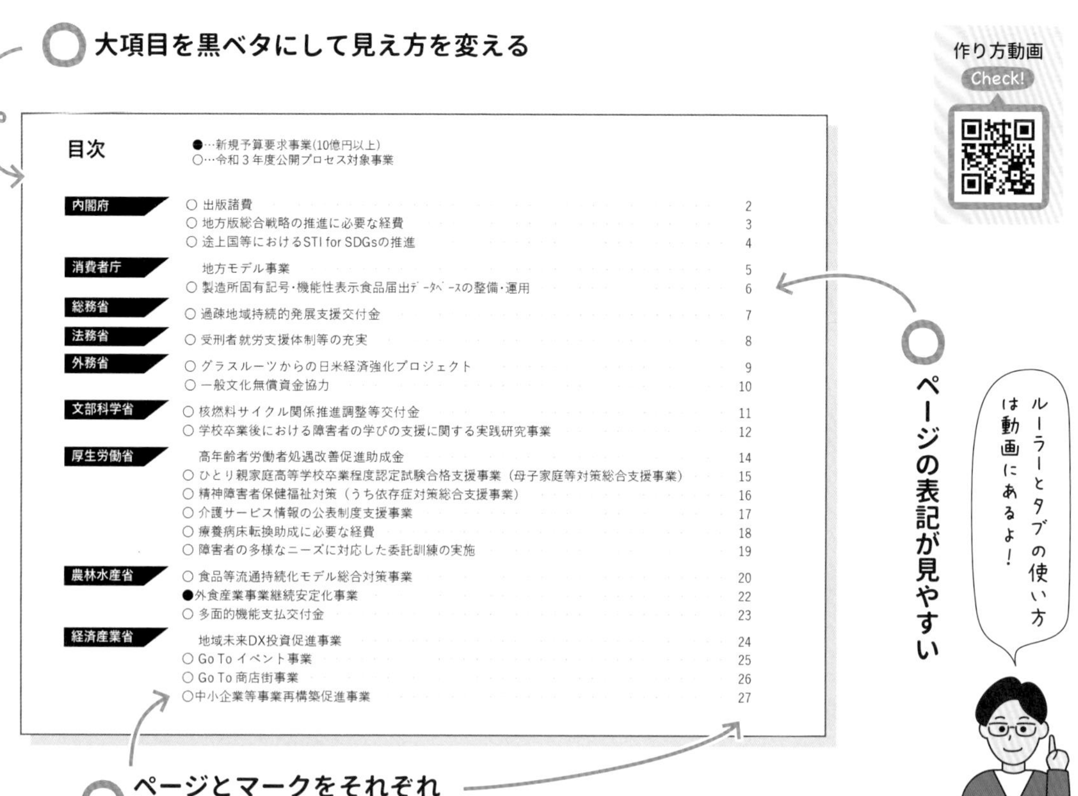

ページの表記が見やすい

ページとマークをそれぞれ縦に揃えて見やすくする

memo

ページを揃えるときは「ルーラー」と「タブ」を活用すると便利です。

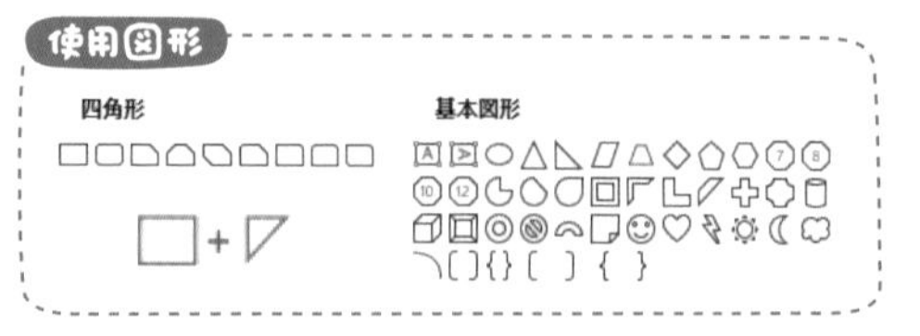

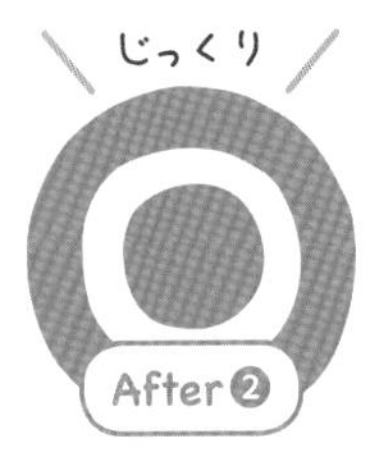

工夫をプラス 表組みで明確に

表機能を使って目次を作成します。表を作成することで、情報を構造化して見せることができるのでわかりやすくなります。

⑥表組みにする（P23）

表組みにして見出しとタイトルのまとまりを見せる

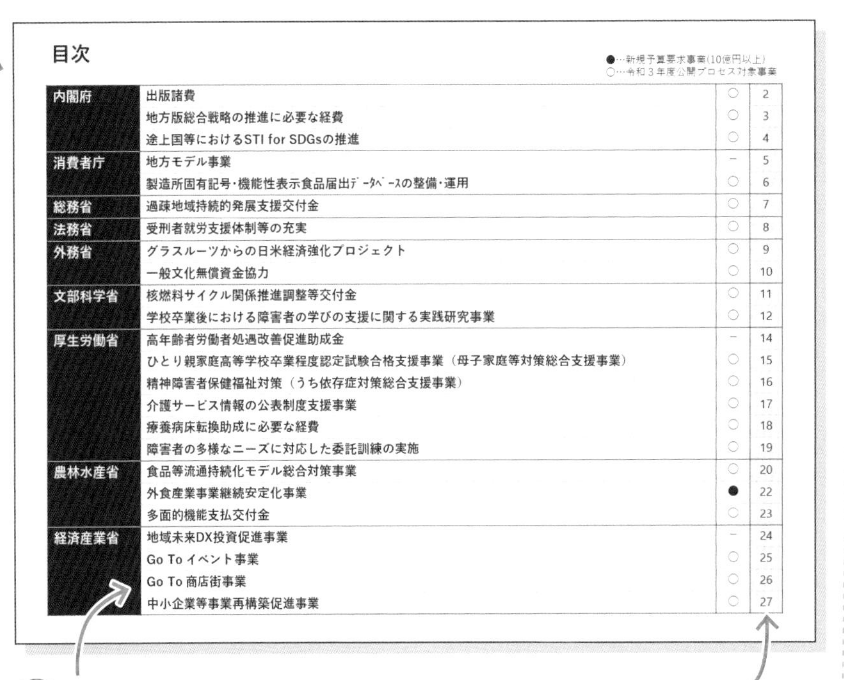

目次

●…新規予算要求事業(10億円以上)
○…令和３年度公開プロセス対象事業

内閣府	出版諸費	○	2
	地方版総合戦略の推進に必要な経費	○	3
	途上国等におけるSTI for SDGsの推進	○	4
消費者庁	地方モデル事業	−	5
	製造所固有記号･機能性表示食品届出ﾃﾞｰﾀﾍﾞｰｽの整備･運用	○	6
総務省	過疎地域持続的発展支援交付金	○	7
法務省	受刑者就労支援体制等の充実	○	8
外務省	グラスルーツからの日米経済強化プロジェクト	○	9
	一般文化無償資金協力	○	10
文部科学省	核燃料サイクル関係推進調整等交付金	○	11
	学校卒業後における障害者の学びの支援に関する実践研究事業	○	12
厚生労働省	高年齢者労働者処遇改善促進助成金	−	14
	ひとり親家庭高等学校卒業程度認定試験合格支援事業（母子家庭等対策総合支援事業）	○	15
	精神障害者保健福祉対策（うち依存症対策総合支援事業）	○	16
	介護サービス情報の公表制度支援事業	○	17
	療養病床転換助成に必要な経費	○	18
	障害者の多様なニーズに対応した委託訓練の実施	○	19
農林水産省	食品等流通持続化モデル総合対策事業	○	20
	外食産業事業継続安定化事業	●	22
	多面的機能支払交付金	○	23
経済産業省	地域未来DX投資促進事業	−	24
	Go To イベント事業	○	25
	Go To 商店街事業	○	26
	中小企業等事業再構築促進事業	○	27

同じまとまり内の罫線の色は薄く

背景に薄い色を敷き、情報の違いを明確にする

MEMO

表内の余白の設定も大事です。「図形の書式設定」の「テキストボックス」から設定しましょう。

MEMO

表の作り方に関しては188ページを参考に！

テイストをプラス 角丸でやわらかに

目次だからといって、文字とページ番号を上から順に整列させなければいけないわけではありません。大項目ごとに囲んでみると、デザインを入れやすくなります。

⑭背景に色を敷く（P27）

枠で囲い、2列で見せることで、よりまとまりを強調

曲線を使用した図形でやわらかな印象に

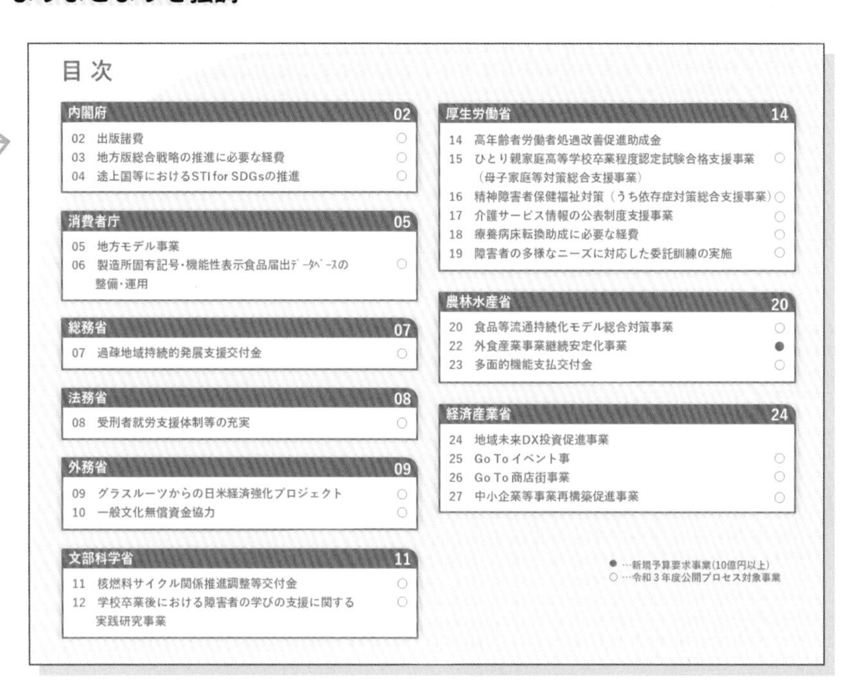
目次

● …新規予算要求事業（10億円以上）
○ …令和3年度公開プロセス対象事業

背景にも囲いで使用した図形を活用することで、よりやわらかな印象に

memo

この案ではカジュアルな印象を出すために、暖色系の色と、曲線を持った図形を使用してみました。

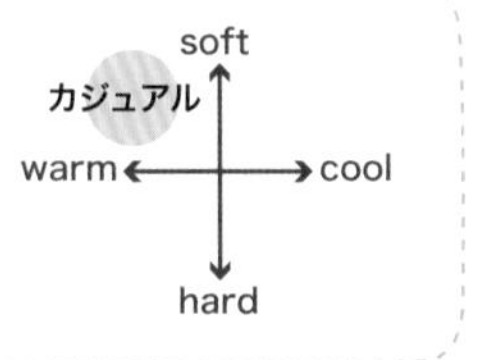

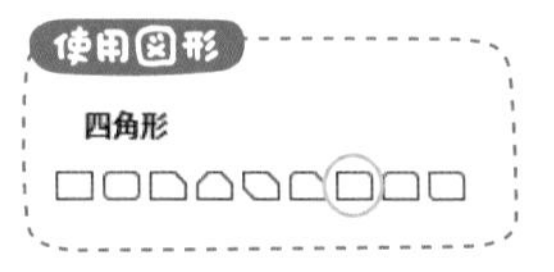

04 文章がメインのスライド 説明文

文章だけがつらつらと書かれてあるスライドは、パッと見で読む気をなくさせます。読んでもいいかな、と思わせる印象作りが大切です。

出典 経済産業省製造産業局 生活製品課住宅産業室
「経済産業省における住宅関連施策の動向」を改変

＜参考＞下請中小企業振興法「基準」のポイント

前文

親事業者の競争力において、コストの占める比重は大きなものがあり、親事業者と下請事業者の両者 が様々な改善活動や合理化努力を通じたコスト削減のための不断の取組を行うことは、双方の競争力 向上の観点からも必要であろう。しかし、競争力はコストのみで決まるものではなく、品質、納期、急な発注にも対応できる柔軟性なども重要な要素であり、下請事業者がこうした付加価値を提供していることに 対し、親事業者は正当な評価を行うべきである。
加えて、下請事業者が適正な利益を得ることができれば、技術開発や設備投資を通じた新たなチャレンジが行われるとともに、下請事業者の従業員の賃上げや働き方改革等による意欲の向上がもたらされ、 消費の喚起、地域経済の活性化、経済の好循環を通じて、親事業者自身にもその利益が還元されてく る。親事業者は、下請事業者の存在価値や潜在力を、長期的、かつ、広範な視野から捉え、共存共栄を 図っていくべきである。

行間がキツキツ

強調部分が下線のみでメリハリが薄い

余白をとろう　情報をまとまりで見せよう　メリハリをつけよう

整理整頓 行間、文字間を空ける

段落ごとに行間を空けるのは、Wordで作る文章資料などでは見られないですが、ビジュアル重視のパワポ資料では使えるテクニックです。契約文や法律などでどうしても長文をスライドに入れないといけないときなどに便利です。

行間、文字間を空ける

★行間、文字間に関してはP146へ

＜参考＞ 下請中小企業振興法「基準」のポイント

前文

親事業者の競争力において、コストの占める比重は大きなものがあり、
親事業者と下請事業者の両者が様々な改善活動や合理化努力を通じたコスト削減のための
不断の取組を行うことは、双方の競争力向上の観点からも必要であろう。

しかし、
競争力はコストのみで決まるものではなく、
品質、納期、急な発注にも対応できる柔軟性なども重要な要素であり、
下請事業者がこうした付加価値を提供していることに対し、
親事業者は正当な評価を行うべきである。

加えて、
下請事業者が適正な利益を得ることができれば、技術開発や設備投資を通じた
新たなチャレンジが行われるとともに、下請事業者の従業員の賃上げや働き方改革等による
意欲の向上がもたらされ、消費の喚起、地域経済の活性化、経済の好循環を通じて、
親事業者自身にもその利益が還元されてくる。

親事業者は、下請事業者の存在価値や潜在力を、長期的、かつ、広範な視野から捉え、
共存共栄を図っていくべきである。

文章の転換点で段落をつける

強調部分を赤字にし、文字サイズを大きく

memo

行間を空けるだけでも読みやすさは格段に上がりますので、お手元の資料で是非やってみてください。

赤字だけ読めば、言いたいことがわかるから楽！

工夫をプラス 内容をまとまりで見せる

文章を少し編集できるときは、切り替わり部分で強調するあしらいを入れたり、結論やまとめの文章を強調することでわかりやすくなります。

②見出しの強調（P21）

タイトルや話の切り替わり部分をベタ塗りで強調

下線を入れてタイトルを分ける

<参考> 下請中小企業振興法「基準基準」のポイント

前文

親事業者の競争力において、コストの占める比重は大きなものがあり、
親事業者と下請事業者の両者が様々な改善活動や合理化努力を通じた
コスト削減のための不断の取組を行うことは、双方の競争力向上の観点からも必要であろう。

しかし 競争力はコストのみで決まるものではなく、品質、納期、急な発注にも対応できる柔軟性なども
重要な要素であり、下請事業者がこうした
付加価値を提供していることに対し、親事業者は正当な評価を行うべきである。

加えて 下請事業者が適正な利益を得ることができれば、技術開発や設備投資を通じた新たなチャレンジが
行われるとともに、下請事業者の従業員の賃上げや働き方改革等による意欲の向上がもたらされ、
消費の喚起、地域経済の活性化、経済の好循環を通じて、親事業者自身にも
その利益が還元されてくる。

> 親事業者は、下請事業者の存在価値や潜在力を、
> 長期的、かつ、広範な視野から捉え、共存共栄を図っていくべきである。

最も伝えたい部分を四角囲いで強調

memo

これはもう文章というよりは、内容に合わせて構造化した図式ですが、一目でわかりやすいです。

テイストをプラス 写真を追加する

文章の起承転結に合わせた画像を添えると、文章の内容が伝わりやすくなります。さらに、画像をスライドのテイストに合わせたトーンに変更するといいです。

⑧画像を使用する（P24）⑭背景に色を敷く（P27）

ライン1本で「まとめへの流れ」を表現

くすんだ色で落ち着いた雰囲気に

＜参考＞下請中小企業振興法「基準」のポイント

【前文】

親事業者の競争力において、コストの占める比重は大きなものがあり、親事業者と下請事業者の両者 が様々な改善活動や合理化努力を通じたコスト削減のための不断の取組を行うことは、双方の競争力向上の観点からも必要であろう。

しかし、
競争力はコストのみで決まるものではなく、品質、納期、急な発注にも対応できる柔軟性なども重要な要素であり、下請事業者がこうした付加価値を提供していることに対し、親事業者は正当な評価を行うべきである。

加えて、
下請事業者が適正な利益を得ることができれば、技術開発や設備投資を通じた新たなチャレンジが行われるとともに、下請事業者の従業員の賃上げや働き方改革等による意欲の向上がもたらされ、 消費の喚起、地域経済の活性化、経済の好循環を通じて、親事業者自身にもその利益が還元されてくる。

親事業者は、下請事業者の存在価値や潜在力を、
長期的、かつ、広範な視野から捉え、共存共栄を 図っていくべきである。

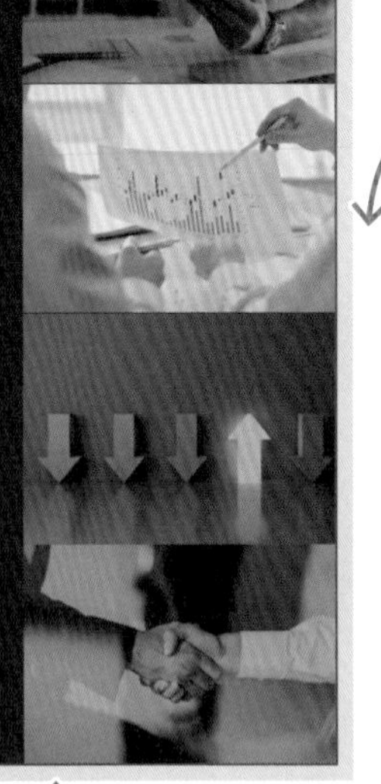

画像で直感的なイメージを

画像を同じトーンにして落ち着いた雰囲気に

★画像の扱いに関してはP178へ

memo

この案では高級感を出すために、文字や背景、写真を落ち着いた色味で配色してみました。

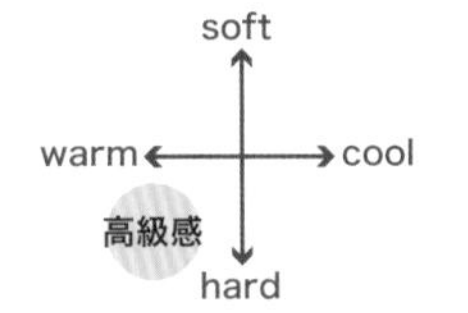

memo

ここを選択！

05 項目を列挙したスライド 3つのポイント

ポイントを列挙したスライドは、一目で何個ポイントがあるのかと、そのタイトルを読みやすくする工夫が大切です。

出典 経済産業省
「第4次産業革命について「産業構造部会 新産業構造部会」における検討内容」

全体戦略

● **産業政策、雇用労働政策にとどまらず、教育・人材育成、社会保障等、様々な政策を総動員した改革パッケージが必要。**

＜政策の柱①：人材投資・人材育成の抜本拡充＞
○第4次産業革命下で求められる**人材像（能力・スキル）や人材需給の把握・見える化**
○関係省庁の政策に横串を刺し、連携を加速化
⇒**基礎力・ミドル・トップ人材それぞれのレイヤー毎に政策パッケージ**

＜政策の柱②：柔軟かつ多様な働き方の実現＞
○**日本型雇用システムの変革**の後押し（**職務内容の明確化、成果に基づく評価**）
○**時間・場所・契約にとらわれない「柔軟」な働き方**の加速化
○人材育成や情報インフラ整備等によって、自ら**転職・再就職しやすい環境の整備**

＜政策の柱③：①と②を支える、ＩＴによる変革の加速化＞
○**ＩＴ/データを活用し、日本型雇用システムをめぐる諸課題に対する対応を加速化**
（第四次産業革命下での経営と人事の融合）

14

× 全体的に行間、字間がつまっている

× 「政策の柱①②③」の表現が平坦で文章の一部に見える

× 四角囲みの大きさがバラバラ

情報を分解し、表現を分けよう

ポイントの表現に優劣（大きさ等）がないようにしよう

整理整頓 タイトル部分を強調

濃い色ベタに白抜き文字を使用することで、最も伝えたい項目が初めに目に入ります。内容で重要なところには強調色を使い、目立たせましょう。

②見出しの強調（P21）

全体の行間、字間を調整し余裕を持たせる

★行間、文字間に関してはP146へ

全体戦略

産業政策、雇用労働政策にとどまらず教育・人材育成、社会保障等、様々な政策を総動員した改革パッケージが必要

政策の柱① 人材投資・人材育成の抜本拡充

- 第4次産業革命下で求められる**人材像（能力・スキル）や人材需給の把握・見える化**
- 関係省庁の政策に横串を刺し、連携を加速化

⇒ **基礎力・ミドル・トップ人材それぞれのレイヤー毎に政策パッケージ**

政策の柱② 柔軟かつ多様な働き方の実現

- **日本型雇用システムの変革の後押し**（職務内容の明確化、成果に基づく評価）
- **時間・場所・契約にとらわれない「柔軟」な働き方**の加速化
- 人材育成や情報インフラ整備等によって、自ら**転職・再就職しやすい環境の整備**

政策の柱③ ①と②を支える、ITによる変革の加速化

- **IT/データを活用し、日本型雇用システムをめぐる諸課題に対する対応を加速化**
  （第四次産業革命下での経営と人事の融合）

「政策の柱①②③」を他と異なる表現に

ポイントのタイトル部分をベタ塗り表現で他と差別化し、ベタ塗りの面積を3つとも同じにすることで優先度がないように見せる

①②③のような数字と文章は分けた表現をすると、ポイントだとわかりやすい演出ができます。

工夫をプラス 構造を図式化

図式化する際は、資料内容をよく読んで内容に合った図式に当てはめることが大切です。この資料では制作の柱③は土台の役割なので、①②を載せる形にしました。

②見出しの強調（P21）④図の位置を変更（P22）

最も伝えたいメッセージを大きくし、メリハリをつける

作り方動画
Check!

全体戦略

産業政策、雇用労働政策にとどまらず
教育・人材育成、社会保障等、
様々な政策を総動員した改革パッケージが必要

政策の柱① 人材投資・人材育成の抜本拡充

- 第4次産業革命下で求められる**人材像（能力・スキル）や人材需給の把握・見える化**
- 関係省庁の政策に横串を刺し、連携を加速化

⇒ **基礎力・ミドル・トップ人材それぞれのレイヤー毎に政策パッケージ**

政策の柱② 柔軟かつ多様な働き方の実現

- **日本型雇用システムの変革の後押し**（職務内容の明確化、成果に基づく評価）
- **時間・場所・契約にとらわれない「柔軟」な働き方**の加速化
- 人材育成や情報インフラ整備等によって、自ら**転職・再就職しやすい環境の整備**

政策の柱③ ①と②を支えるITによる変革の加速化

- **ＩＴ/データを活用し、日本型雇用システムをめぐる諸課題に対する対応を加速化**
（第四次産業革命下での経営と人事の融合）

ポイントの内容に応じて一目で関係性がわかるような配置に

★例：③は①②を支える役目

使用図形

政策の柱③は、奥行きをつけるため、台形の図形を使用します。①②は普通の四角の図形です。

テイストをプラス イメージを図式化でやわらかに

より視覚的にするために、アイコンを使ってみるといいでしょう。文章の補足だけでなく、背景のあしらいとして活用することもできます。

③図の縦横を変更（P21）⑨アイコンを使用する（P24）⑭背景に色を敷く（P27）

「柱」というモチーフを活用（アイコンを編集）

★アイコンに関してはP176へ
★アイコンを図形に変える方法はP132へ

「3つの柱」で「屋根（全体戦略）」を支える表現に

全体戦略

産業政策、雇用労働政策にとどまらず教育・人材育成、社会保障等、様々な政策を総動員した改革パッケージが必要

政策の柱 ①	政策の柱 ②	政策の柱 ③
人材投資・人材育成の抜本拡充	**柔軟かつ多様な働き方の実現**	**①と②を支えるITによる変革の加速化**
■ 第4次産業革命下で求められる**人材像（能力・スキル）や人材需給の把握・見える化**	■ **日本型雇用システムの変革の後押し**（職務内容の明確化、成果に基づく評価）	■ **IT/データを活用し、日本型雇用システムをめぐる諸課題に対する対応を加速化**（第四次産業革命下での経営と人事の融合）
■ 関係省庁の政策に横串を刺し、連携を加速化	■ **時間・場所・契約にとらわれない「柔軟」な働き方**の加速化	
⇒ **基礎力・ミドル・トップ人材それぞれのレイヤー毎に政策パッケージ**	■ 人材育成や情報インフラ整備等によって、自ら**転職・再就職しやすい環境の整備**	

①②③を3列にし、同じ面積で同列に表現

トーンが淡い色でやわらかな雰囲気に

memo

この案ではカジュアルな印象にするために、淡く優しい色味を使用してみました。

★色に関してはP156へ

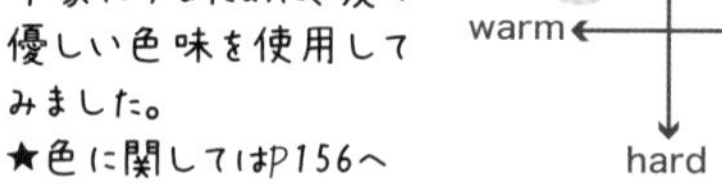

06 項目を列挙したスライド 5つのポイント

列挙したスライドは、数が多くなってもポイントをスッキリと見せつつ、一目で何個ポイントがあるかがわかり、そのタイトルを読みやすくする工夫が大切です。

出典 内閣府「高齢社会対策会議資料（第22回）」平成24年9月7日

新しい「高齢社会対策大綱」（案）の5つのポイント

◆全員参加による社会の構築

高齢者の多様な雇用・就業ニーズに応じた柔軟な働き方ができる環境整備を図るとともに、高齢者が生きがいや自己実現を図ることができるよう、「新しい公共」を推進し、高齢者の「居場所」と「出番」をつくることにより、年齢にかかわりなく意欲と能力を最大限発揮し、経済社会の重要な支え手として、働くことや社会参加することができる社会の構築を目指す。また、高齢者のみならず、若年者や女性の能力を積極的に活用することなどにより、全ての世代が積極的に参画する社会の構築を推進する。

◆「人生90年時代」に対応できる社会の構築

「人生90年時代」を前提とした高齢期への備えとして、若年期からの健康管理や資産形成のみならず、職業能力の形成や社会参加を行うことを促進するとともに、仕事時間と育児や介護等の生活時間のバランスのとれた組み合わせが選択できる仕事と生活の調和（ワーク・ライフ・バランス）の推進を図る。また、雇用が不安定で、かつ職業能力の形成や相対的に低賃金であるなど資産形成が困難である非正規雇用の労働者に対しては、雇用の安定や処遇の改善に向けて、社会全体で取り組み、「人生90年時代」に対応できる社会の構築を推進する。

◆世代循環型社会の構築

意欲と能力のある高齢者がその知識と経験をいかして、就労や世代間交流等を通じた社会参加を通じて経済社会の重要な支え手、担い手として活躍することができる社会の構築を目指す。また、良質な住宅ストックの形成や中古住宅流通・リフォーム市場の環境整備を進めるとともに、子育て世帯等向けの賃貸住宅として活用するための住み替えを支援すること等を 通じて、高齢期の経済的自立に資するとともに、資産が次世代へと継承される、世代循環型の社会の構築を推進する。

◆住民により支え合う地域社会の構築

「医職住」の近接した集約型のまちづくりにあわせて、地域におけるつながりが希薄化している中で、高齢者の社会的な孤立を防止するために、地域住民が参加主体となって要援護者に係る安否確認等を行う地域のコミニティの構築を図る。また、地域住民が可能な限り、住み慣れた地域で自立した生活を維持できるようにするとともに、医療や介護サービス等を継続的・一体的に受けることのできる体制の実現を図ることができる、住民による支え合う地域社会の構築を推進する。

◆高齢者向け市場の活性化により安心で快適に生活できる社会の構築

高齢者が健康で活躍しやすい環境づくりのために、高齢者に優しく、ニーズに合致した機器やサービスの開発を支援することで、高齢者向け市場を活性化させ、高齢者の消費を高めるとともに、高齢化に伴う課題の解決に大きく寄与する研究開発等を通じて、高齢者が生活の質を保ち、安心で快適で豊かな暮らしを送ることができる社会の構築を推進する。

✕ 全体的に行間、字間がつまっている

✕ 四角囲みが５つになると線が多く、雑多な感じに

余計な線（情報）は減らそう

ポイントの表現に優劣（大きさ等）がないようにしよう

整理整頓 揃える

項目を列挙したスライドで3つのときは囲むとわかりやすかったですが、項目が多いものを線で囲むと、ごちゃついて見えます。罫線でスッキリと分けるといいです。

⑤情報の面積を揃える(P22)

全体の行間、字間を調整し余裕を持たせる

★行間、文字間に関してはP146へ

新しい「高齢社会対策大綱」（案）の５つのポイント

全員参加による社会の構築	高齢者の多様な雇用・就業ニーズに応じた柔軟な働き方ができる環境整備を図るとともに、高齢者が生きがいや自己実現を 図ることができるよう、「新しい公共」を推進し、高齢者の「居場所」と「出番」をつくることにより、年齢にかかわりなく意欲と能力 を最大限発揮し、経済社会の重要な支え手として、働くことや社会参加することができる社会の構築を目指す。また、高齢者の みならず、若年者や女性の能力を積極的に活用することなどにより、全ての世代が積極的に参画する社会の構築を推進する。
「人生90年時代」に対応できる社会の構築	「人生90年時代」を前提とした高齢期への備えとして、若年期からの健康管理や資産形成のみならず、職業能力の形成や社会参加を行うことを促進するとともに、仕事時間と育児や介護等の生活時間のバランスのとれた組み合わせが選択できる仕事と生活の調和（ワーク・ライフ・バランス）の推進を図る。また、雇用が不安定で、かつ職業能力の形成や相対的に低賃金であるなど資産形成が困難である非正規雇用の労働者に対しては、雇用の安定や処遇の改善に向けて、社会全体で取り組み、「人生90年時代」に対応できる社会の構築を推進する。
世代循環型社会の構築	意欲と能力のある高齢者がその知識と経験をいかして、就労や世代間交流等を通じた社会参加を通じて経済社会の重要な支え手、担い手として活躍することができる社会の構築を目指す。また、良質な住宅ストックの形成や中古住宅流通・リフォーム 市場の環境整備を進めるとともに、子育て世帯等向けの賃貸住宅として活用するための住み替えを支援すること等を通じて、高齢期の経済的自立に資するとともに、資産が次世代へと継承される、世代循環型の社会の構築を推進する。
住民により支え合う地域社会の構築	「医職住」の近接した集約型のまちづくりにあわせて、地域におけるつながりが希薄化している中で、高齢者の社会的な孤立を防止するために、地域住民が参加主体となって要援護者に係る安否確認等を行う地域のコミニティの構築を図る。また、地域 住民が可能な限り、住み慣れた地域で自立した生活を維持できるようにするとともに、医療や介護サービス等を継続的・一体 的に受けることのできる体制の実現を図ることができる、住民による支え合う地域社会の構築を推進する。
高齢者向け市場の活性化により安心で快適に生活できる社会の構築	高齢者が健康で活躍しやすい環境づくりのために、高齢者に優しく、ニーズに合致した機器やサービスの開発を支援することで、高齢者向け市場を活性化させ、高齢者の消費を高めるとともに、高齢化に伴う課題の解決に大きく寄与する研究開発等を通じて、高齢者が生活の質を保ち、安心で快適で豊かな暮らしを送ることができる社会の構築を推進する。

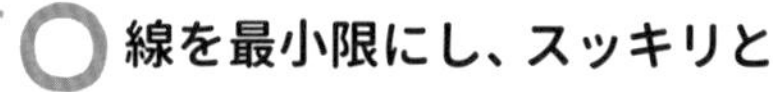

線を等間隔に配置するときには、「配置」の「上下に整列」「左右に整列」を使うと便利です。

窮屈な印象からスッキリとした印象になった！

工夫をプラス 同じ大きさで区切る

5つのポイントに優劣がないときは、同じ大きさで区切ることが重要です。奇数で上手く均等に分けるレイアウトが思い浮かばないときは、１つ分をタイトルにしてしまうのも一つの手です。⑤情報の面積を揃える(P22)

アイコンを使用することで内容をイメージしやすくする

作り方動画 Check!

新しい「高齢社会対策大綱」(案) 5つのポイント

1 全員参加による社会の構築

高齢者の多様な雇用・就業ニーズに応じた柔軟な働き方ができる環境整備を図るとともに、高齢者が生きがいや自己実現を　図ることができるよう、「新しい公共」を推進し、高齢者の「居場所」と「出番」をつくることにより、年齢にかかわりなく意欲と能力 を最大限発揮し、経済社会の重要な支え手として、働くことや社会参加することができる社会の構築を目指す。また、高齢者の　みならず、若年者や女性の能力を積極的に活用することなどにより、全ての世代が積極的に参画する社会の構築を推進する。

2 「人生90年時代」に対応できる社会の構築

「人生90年時代」を前提とした高齢期への備えとして、若年期からの健康管理や資産形成のみならず、職業能力の形成や社　会参加を行うことを促進するとともに、仕事時間と育児や介護等の生活時間のバランスのとれた組み合わせが選択できる仕事と生活の調和（ワーク・ライフ・バランス）の推進を図る。また、雇用が不安定で、かつ職業能力の形成や相対的に低賃金であ　るなど資産形成が困難である非正規雇用の労働者に対しては、雇用の安定や処遇の改善に向けて、社会全体で取り組み、「人生90年時代」に対応できる社会の構築を推進する。

3 世代循環型社会の構築

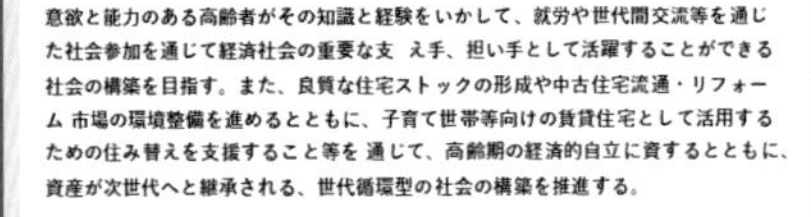

意欲と能力のある高齢者がその知識と経験をいかして、就労や世代間交流等を通じた社会参加を通じて経済社会の重要な支　え手、担い手として活躍することができる社会の構築を目指す。また、良質な住宅ストックの形成や中古住宅流通・リフォーム 市場の環境整備を進めるとともに、子育て世帯等向けの賃貸住宅として活用するための住み替えを支援すること等を 通じて、高齢期の経済的自立に資するとともに、資産が次世代へと継承される、世代循環型の社会の構築を推進する。

4 住民により支え合う地域社会の構築

「医職住」の近接した集約型のまちづくりにあわせて、地域におけるつながりが希薄化している中で、高齢者の社会的な孤立を　防止するために、地域住民が参加主体となって要援護者に係る安否確認等を行う地域のコミニティの構築を図る。また、地域 住民が可能な限り、住み慣れた地域で自立した生活を維持できるようにするとともに、医療や介護サービス等を継続的・一体　的に受けることのできる体制の実現を図ることができる、住民による支え合う地域社会の構築を推進する。

5 高齢者向け市場の活性化により安心で快適に生活できる社会の構築

高齢者が健康で活躍しやすい環境づくりのために、高齢者に優しく、ニーズに合致した機器やサービスの開発を支援すること　で、高齢者向け市場を活性化させ、高齢者の消費を高めるとともに、高齢化に伴う課題の解決に大きく寄与する研究開発等を 通じて、高齢者が生活の質を保ち、安心で快適で豊かな暮らしを送ることができる社会の構築を推進する。

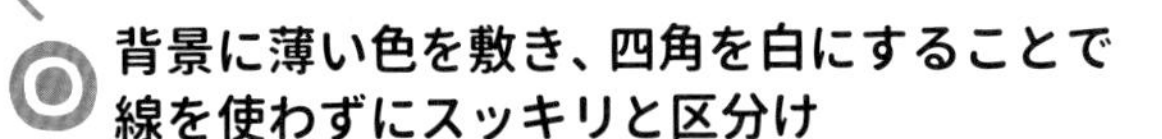

背景に薄い色を敷き、四角を白にすることで線を使わずにスッキリと区分け

エリアを等分して情報のまとまりをわかりやすく

memo

最初にエリアを決めてから、そこに合わせるように要素をレイアウトをするとキレイに見せられます。

テイストをプラス 画像でかっちり区切る

上級テクニックですが、背景に入れた画像を変えることで仕切りを作ります。このとき色が多くなりすぎるとごちゃついた印象になるため、色調を調整するのがポイントです。⑤情報の面積を揃える(P22) ⑧画像を使用する(P24)

画像の上に透過させた色を置くことで文字の読みやすさを確保

★透過に関してはP162へ

画像の色調を調整する

文字に「光彩」の効果を使用することで他文字との差別化を図る

★光彩に関してはP149へ

新しい「高齢社会対策大綱」(案) 5つのポイント

全員参加による社会の構築

高齢者の多様な雇用・就業ニーズに応じた柔軟な働き方ができる環境整備を図るとともに、高齢者が生きがいや自己実現を 図ることができるよう、「新しい公共」を推進し、高齢者の「居場所」と「出番」をつくることにより、年齢にかかわりなく意欲と能力 を最大限発揮し、経済社会の重要な支え手として、働くことや社会参加することができる社会の構築を目指す。また、高齢者のみならず、若年者や女性の能力を積極的に活用することなどにより、全ての世代が積極的に参画する社会の構築を推進する。

「人生90年時代」に対応できる社会の構築

「人生90年時代」を前提とした高齢期への備えとして、若年期からの健康管理や資産形成のみならず、職業能力の形成や社 会参加を行うことを促進するとともに、仕事時間と育児や介護等の生活時間のバランスのとれた組み合わせが選択できる仕事と生活の調和(ワーク・ライフ・バランス)の推進を図る。また、雇用が不安定で、かつ職業能力の形成や相対的に低賃金であ るなど資産形成が困難である非正規雇用の労働者に対しては、雇用の安定や処遇の改善に向けて、社会全体で取り組み、「人生90年時代」に対応できる社会の構築を推進する。

世代循環型社会の構築

意欲と能力のある高齢者がその知識と経験をいかして、就労や世代間交流等を通じた社会参加を通じて経済社会の重要な支え手、担い手として活躍することができる社会の構築を目指す。また、良質な住宅ストックの形成や中古住宅流通・リフォーム 市場の環境整備を進めるとともに、子育て世帯等向けの賃貸住宅として活用するための住み替えを支援すること等を通じて、高齢期の経済的自立に資するとともに、資産が次世代へと継承される、世代循環型の社会の構築を推進する。

住民により支え合う地域社会の構築

「医職住」の近接した集約型のまちづくりにあわせて、地域におけるつながりが希薄化している中で、高齢者の社会的な孤立を防止するために、地域住民が参加主体となって要援護者に係る安否確認等を行う地域のコミニティの構築を図る。また、地域住民が可能な限り、住み慣れた地域で自立した生活を維持できるようにするとともに、医療や介護サービス等を継続的・一体 的に受けることのできる体制の実現を図ることができる、住民による支え合う地域社会の構築を推進する。

高齢者向け市場の活性化により安心で快適に生活できる社会の構築

高齢者が健康で活躍しやすい環境づくりのために、高齢者に優しく、ニーズに合致した機器やサービスの開発を支援することで、高齢者向け市場を活性化させ、高齢者の消費を高めるとともに、高齢化に伴う課題の解決に大きく寄与する研究開発等を通じて、高齢者が生活の質を保ち、安心で快適で豊かな暮らしを送ることができる社会の構築を推進する。

memo

この案ではフォーマルな印象にするためにきちんとエリアを分け、紺色のグラデーションを使用してみました。

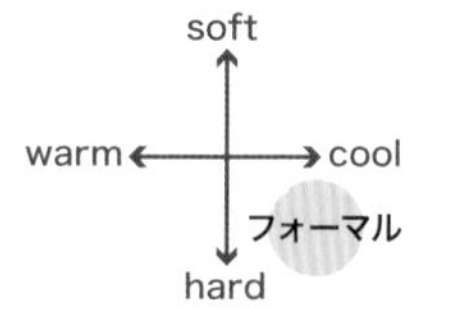

5つの画像を使用してエリアを区分

(画像はストック画像から→)

memo

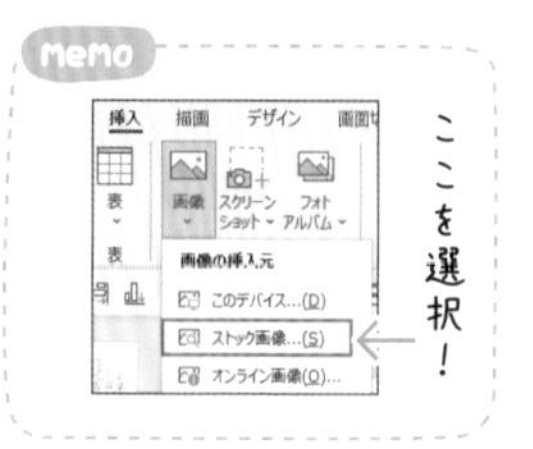

07 図形を活用したスライド ピラミッド

図形は、流れや量、関係性などが直感的にわかりやすいですが、情報量が多いと混乱の元です。しっかりと情報を整理してから作成しましょう。

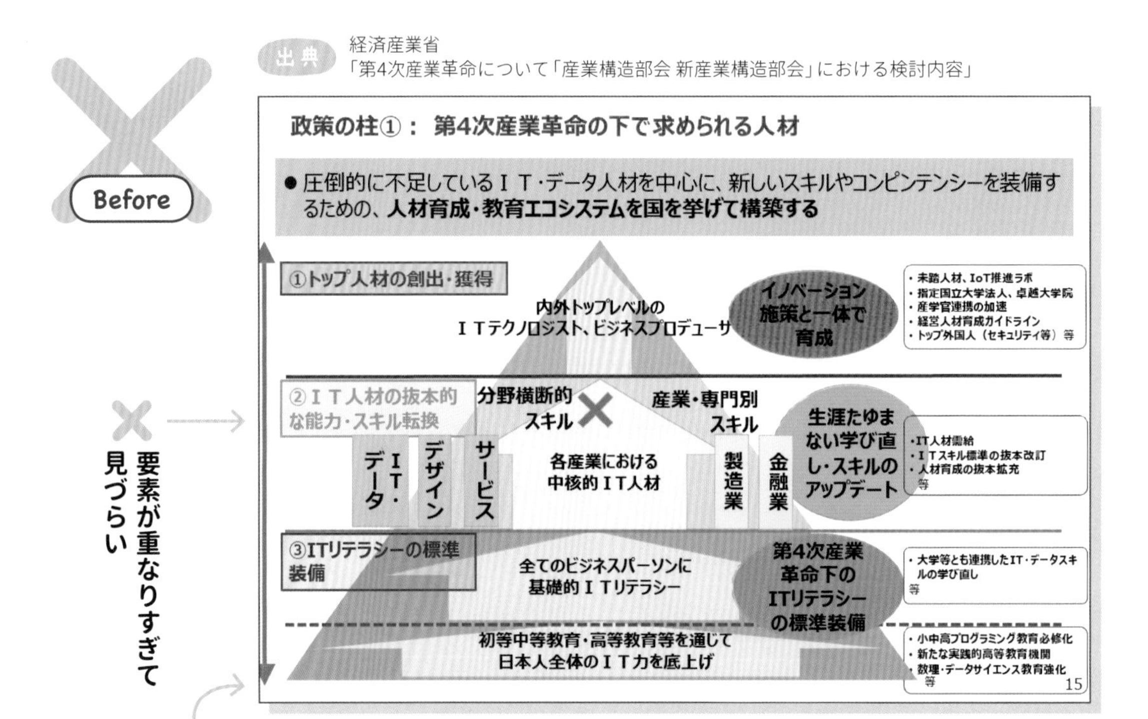

余白が少なく、内容を読み取りづらい

使用している色が多すぎる

重なりをできるだけ少なく

色を使いすぎないように

同じレベルの情報は揃えよう

整理整頓 わかりやすく構造化し揃える

情報量が多い図解はわかりやすくしようとして色をたくさん使いすぎると、さらに目で見る情報を多くさせてしまいます。本当に強調したい情報だけに集中してアクセントカラーを使ってみましょう。①色の統一と強調（P20）

○ 色数を絞り、優先順位高く読んでほしい箇所のみ強調色（赤）を使用

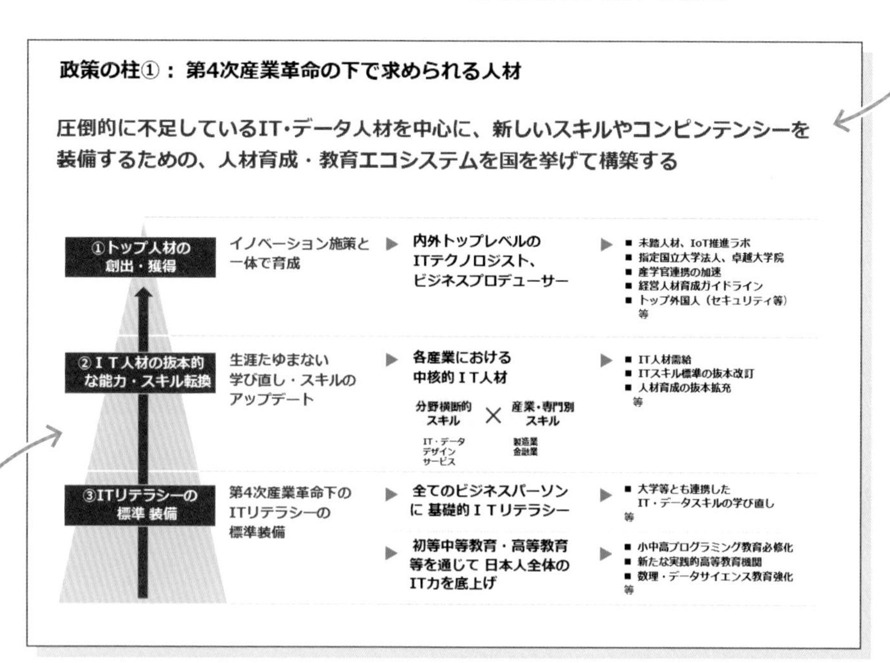

○ 要素が重なりすぎないようにピラミッドの図をコンパクトにレイアウト

○ 情報レベルに合わせて縦横を整列

図形が小さくなって
全体の構造がわかりやすくなった！

工夫をプラス 図解×表組みでもっとわかりやすく工夫する

情報が多いときは、図解×表組みを試してみましょう。表組みにする際に、同じレベルの情報を集めてタイトル付けすることがポイントです。

⑨アイコンを使用する（P24）

表頭、表側にタイトルを追加

政策の柱①：第4次産業革命の下で求められる人材

圧倒的に不足しているIT･データ人材を中心に、新しいスキルやコンピンテンシーを装備するための、人材育成・教育エコシステムを国を挙げて構築する

	目的	理想の人材	具体策
1	トップ人材の創出・獲得 イノベーション施策と一体で育成	内外トップレベルのITテクノロジスト、ビジネスプロデューサー	■ 未踏人材、IoT推進ラボ ■ 指定国立大学法人、卓越大学院 ■ 産学官連携の加速 ■ 経営人材育成ガイドライン ■ トップ外国人（セキュリティ等） 等
2	IT人材の抜本的な能力・スキル転換 生涯たゆまない学び直し・スキルのアップデート	各産業における中核的IT人材 分野横断的スキル（IT・データ　デザイン　サービス）×産業・専門別スキル（製造業　金融業）	■ IT人材需給 ■ ITスキル標準の抜本改訂 ■ 人材育成の抜本拡充 等
3	ITリテラシーの標準装備 第4次産業革命下のITリテラシーの標準装備	全てのビジネスパーソンに基礎的ITリテラシー	■ 大学等とも連携したIT・データスキルの学び直し 等
		初等中等教育・高等教育等を通じて日本人全体のIT力を底上げ	■ 小中高プログラミング教育必修化 ■ 新たな実践的高等教育機関 ■ 数理・データサイエンス教育強化 等

アイコンを使用することで内容をイメージしやすくする

memo

情報を構造化してレイアウトされていれば、図形はサブ的な扱いでも十分伝わります。

タイトル(見出し)を追加したおかげで、理解が早くなった!

テイストをプラス 斜めでシャープに

スライドの情報に合わせてスマートな印象にするために、斜めの直線を取り入れたデザインにしてみましょう。斜めの直線は鋭さをイメージさせ、スマートな大人、男性的な雰囲気を演出するのに役立ちます。⑭背景に色を敷く（P27）

寒色系のグラデーションでスマートな印象に

★グラデーションに関してはP160へ

作り方動画 Check!

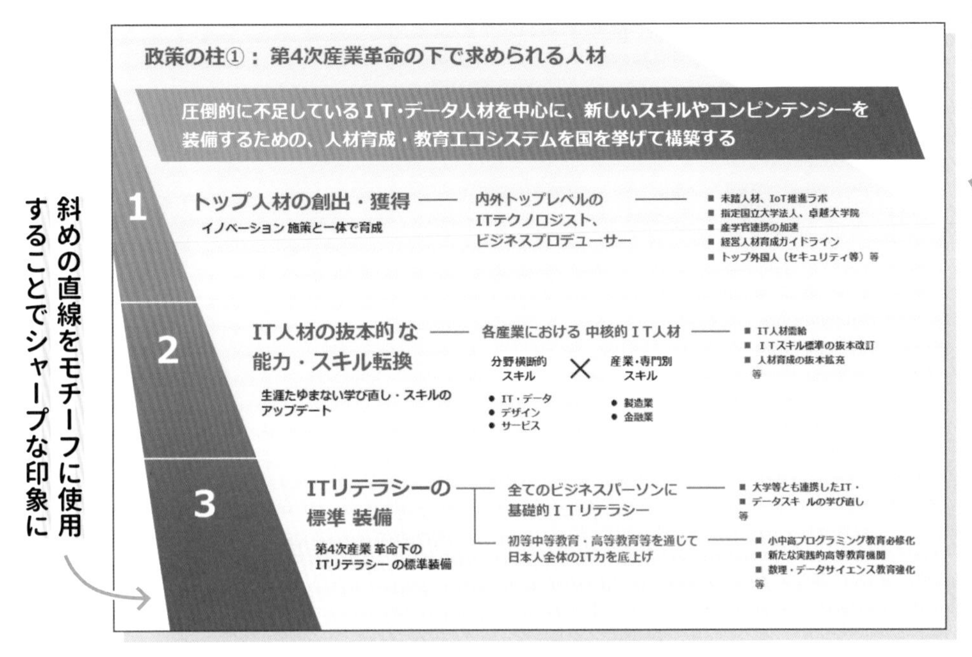

memo

この案では、スマートな印象にするために斜めの直線と寒色系のグラデーションを使用してみました。

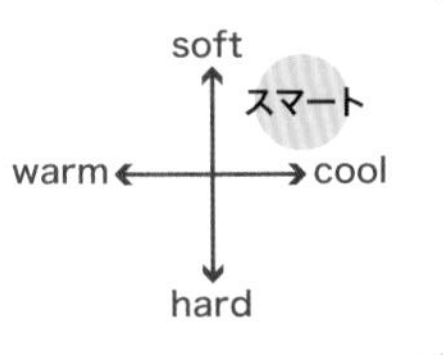

使用図形

基本図形

図形を組み合わせてシャープな印象にしました。複雑な形の図形は組み合わせると、簡単に作れます。

08 図形を活用したスライド 放射

放射の図形は、関係するモノやヒトが多いときに関係性を説明することに使われる場合が多いです。しかし、横長のスライドではレイアウトしづらい場合もあります。

出典 デジタル庁、総務省、文部科学省、経済産業省
「教育データ利活用ロードマップの検討状況について」

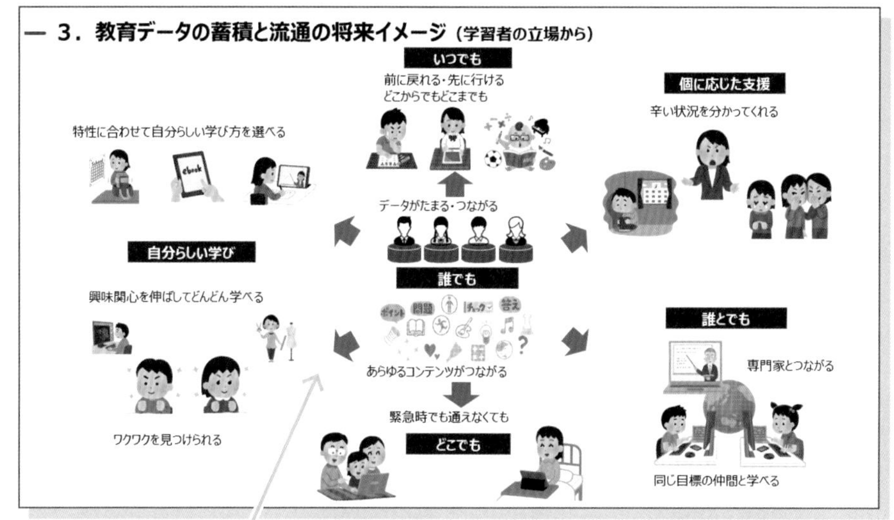

矢印はあるが、何が何につながっているのかわかりにくい

イラストはわかりやすいが、多用すると色が多くなり、情報量が増えて理解しにくい

- 情報のつながりは明確に
- イラストは解釈を固定化しやすいので注意して使用しよう
- イラストの多用は色情報が多くなりやすいので気をつけよう

整理整頓 わかりやすく構造化し揃える

項目が多いと、放射状のグラフでは情報が整理しづらいこともあります。そういうときは、1層の階層図にするなど他に見やすい図がないか考えてみましょう。

⑤情報の面積を揃える（P22）⑫線でつなぐ（P26）

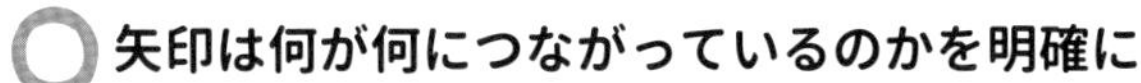

矢印は何が何につながっているのかを明確に

★矢印に関してはP174へ

作り方動画 Check!

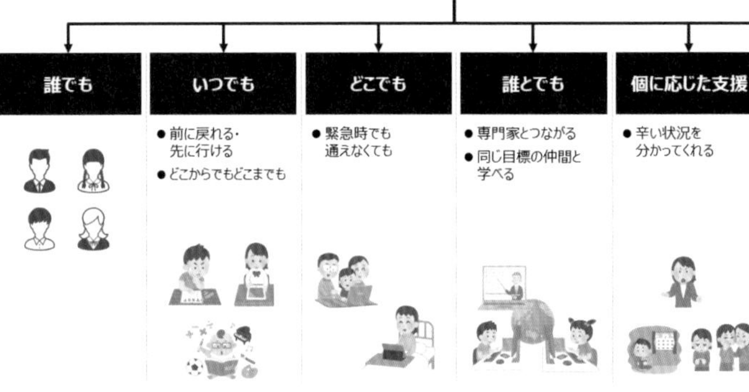

同じレベルの情報を等間隔に揃えて見やすく

イラストの色のトーンを合わせる

memo

画像は「図の形式」の「色」から単色を指定することができます。

色味が統一されて落ち着いて読み込めるようになった！

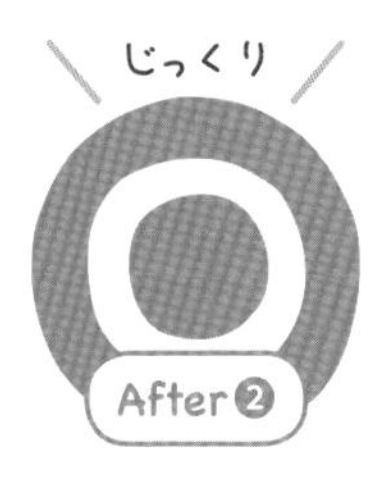

工夫をプラス アイコンを活用する

円状にレイアウトするときは、それぞれの関係性・つながりがわかるような工夫が必要です。

⑨アイコンを使用する（P24）

矢印ではなく、円に被せることで、一目で中心の何かがまわりの6個の要素を含んでいるように見せる

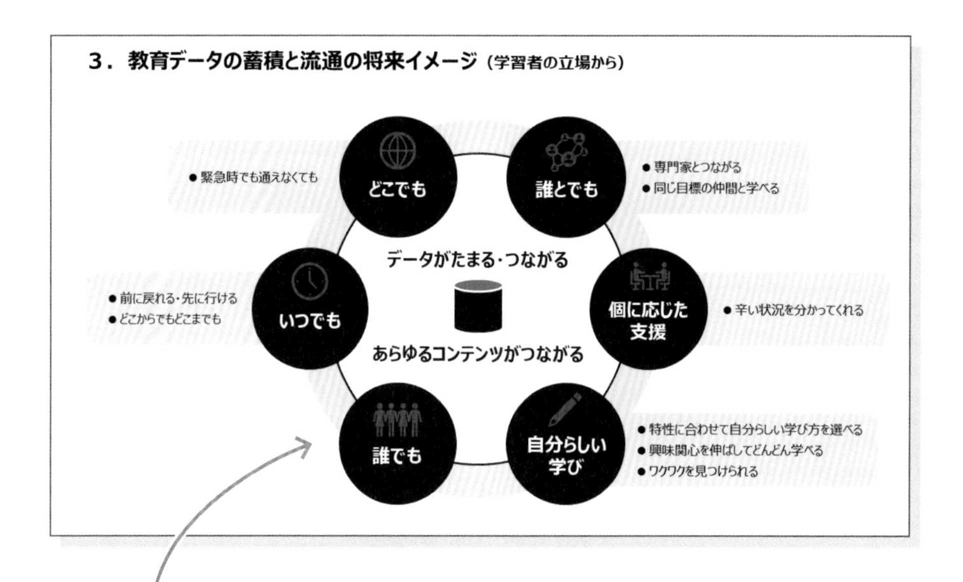

イラストではなくアイコンを活用し、解釈の幅を広げる

Memo

関係性を見せるために、線でつなぐ、薄い色を背景に敷くなどの工夫をしています。

青ベースの図にしたので、反対色の赤は強すぎます。強調は白抜き文字を使いましょう。

テイストをプラス カラフルに

情報の構造を深く理解できてさえいれば、円状の表現にこだわることなく、別の目を引く表現でも伝えることが可能になります。

⑩多色使いする（P25）⑭背景に色を敷く（P27）

同面積で色を活用することで、同レベルの情報が6個あることをカジュアルな雰囲気で伝える

★色に関してはP156へ

飛び出しているようなあしらいをつけることで見てもらいやすく

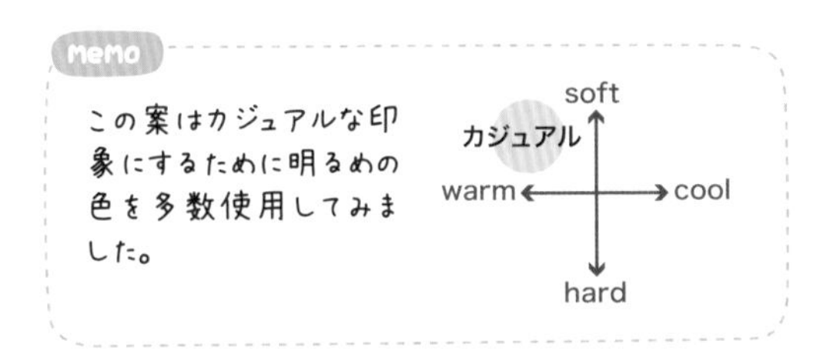

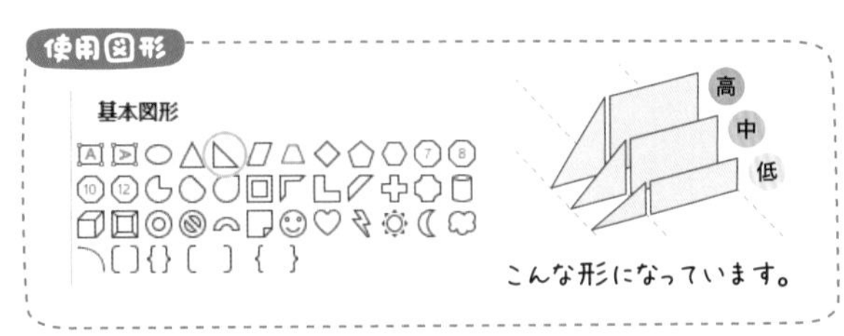

09 図形を活用したスライド サイクル

サイクル図は、循環する取り組みを表すときなどによく使います。ビジネスのシーンでは、PDCAサイクルやSDGs関連で使うことが多いでしょう。

出典 農林水産省「我が国の食生活の現状と食育の推進について」

✕ 色数が多く乱雑な印象を受ける

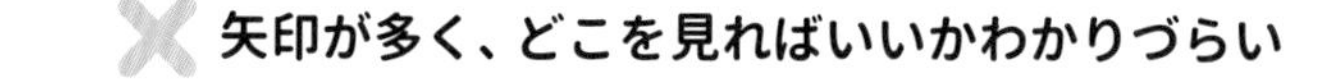
✕ 矢印が多く、どこを見ればいいかわかりづらい

色数を絞ってみよう　内容を整理してみよう　同じ意図の図形は1種類にしよう

シンプル

After❶

整理整頓 色数を絞る

４つの項目だと、わかりやすく１つ１つ違う色を選んで4色使ってしまいがちです。
１～２色でも情報にメリハリをつけて表現すればわかりやすくなります。

① 色の統一と強調（P20）

色数を絞り、目を引きたい部分を色ベタ表現に

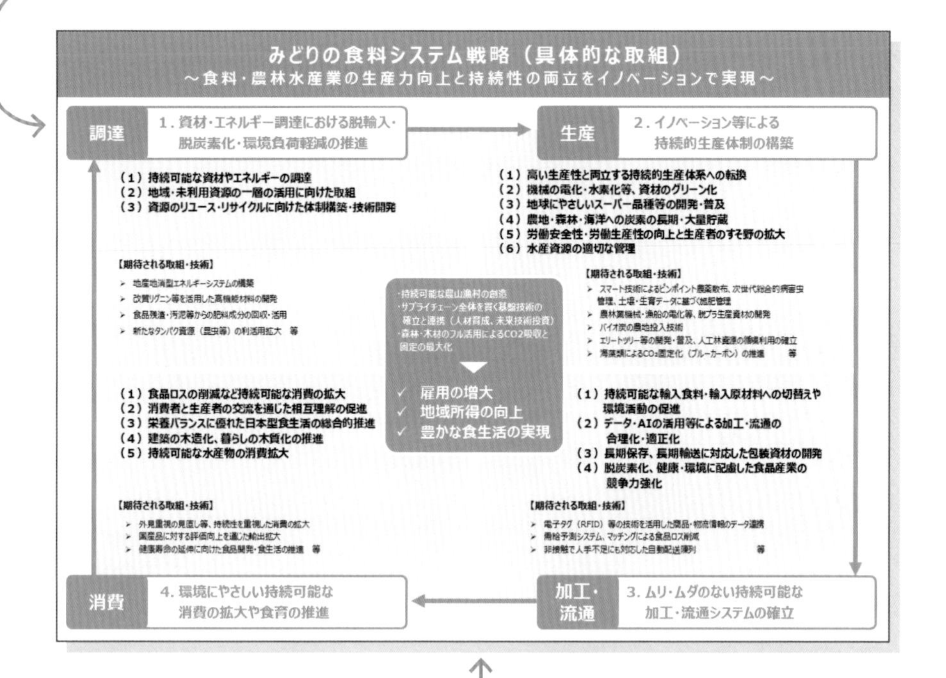

矢印は1種類にし、全体の流れがわかるように

★矢印に関してはP174へ

memo

エリアを示す四角形などは枠線をつけると線が目立つので、枠線はつけず薄い色を引くようにしましょう。

工夫をプラス 情報レベルを揃える

４つの大項目以外の部分を、表組みを使って表すと、小さな各項目がわかりやすくなります。また、縦型のサイクル図にすることで、図解の意味を変えずに整理することができます。⑥表組みにする（P23）

みどりの食料システム戦略（具体的な取組）
～食料・農林水産業の生産力向上と持続性の両立をイノベーションで実現～

・持続可能な農山漁村の創造
・サプライチェーン全体を貫く基盤技術の確立と連携（人材育成、未来技術投資）
・森林・木材のフル活用による CO2吸収と 固定の最大化

▼

- 雇用の増大
- 地域所得の向上
- 豊かな食生活の実現

調達	**1．資材・エネルギー調達における脱輸入・ 脱炭素化・環境負荷軽減の推進** ❶ 持続可能な資材やエネルギーの調達 ❷ 地域・未利用資源の一層の活用に向けた取組 ❸ 資源のリユース・リサイクルに向けた体制構築・技術開発 【期待される取組・技術】 ・地産地消型エネルギーシステムの構築 ・改質リグニン等を活用した高機能材料の開発 ・食品残渣・汚泥等からの肥料成分の回収・活用 ・新たなタンパク資源（昆虫等）の利活用拡大　等
生産	**2．イノベーション等による持続的生産体制の構築** ❶ 高い生産性と両立する持続的生産体系への転換 ❷ 機械の電化・水素化等、資材のグリーン化 ❸ 地球にやさしいスーパー品種等の開発・普及 ❹ 農地・森林・海洋への炭素の長期・大量貯蔵 ❺ 労働安全性・労働生産性の向上と生産者のすそ野の拡大 ❻ 水産資源の適切な管理 【期待される取組・技術】 ・スマート技術によるピンポイント農薬散布、次世代総合的病害虫管理、土壌・生育データに基づく施肥管理 ・農林業機械・漁船の電化等、脱プラ生産資材の開発 ・バイオ炭の農地投入技術 ・エリートツリー等の開発・普及、人工林資源の循環利用の確立 ・海藻類によるCO2固定化（ブルーカーボン）の推進　等
加工・流通	**3．ムリ・ムダのない持続可能な加工・流通システムの確立** ❶ 持続可能な輸入食料・輸入原材料への切替えや環境活動の促進 ❷ データ・AIの活用等による加工・流通の合理化・適正化 ❸ 長期保存、長期輸送に対応した包装資材の開発 ❹ 脱炭素化、健康・環境に配慮した食品産業の競争力強化 【期待される取組・技術】 ・電子タグ（RFID）等の技術を活用した商品・物流情報のデータ連携 ・需給予測システム、マッチングによる食品ロス削減 ・非接触で人手不足にも対応した自動配送陳列　等
消費	**4．環境にやさしい持続可能な消費の拡大や食育の推進** ❶ 食品ロスの削減など持続可能な消費の拡大 ❷ 消費者と生産者の交流を通じた相互理解の促進 ❸ 栄養バランスに優れた日本型食生活の総合的推進 ❹ 建築の木造化、暮らしの木質化の推進 ❺ 持続可能な水産物の消費拡大 【期待される取組・技術】 ・外見重視の見直し等、持続性を重視した消費の拡大 ・国産品に対する評価向上を通じた輸出拡大 ・健康寿命の延伸に向けた食品開発・食生活の推進　等

内容に応じてサイクルの表現を別で検討

★例：「1～4の流れがメインで、最終的に4から1へ戻る」表現

4行の表現にすることで同じレベルの情報を整列することができる

テイストをプラス 図形の奥行を表現

３D回転機能を使用して図形に奥行きを出すとリッチな印象を与えることができます。ただし、あまり過剰に使用すると、わかりやすさを損ねてしまいます。

⑭ 背景に色を敷く（P27）

明朝体のフォントで高級感 ★フォントに関してはP154へ

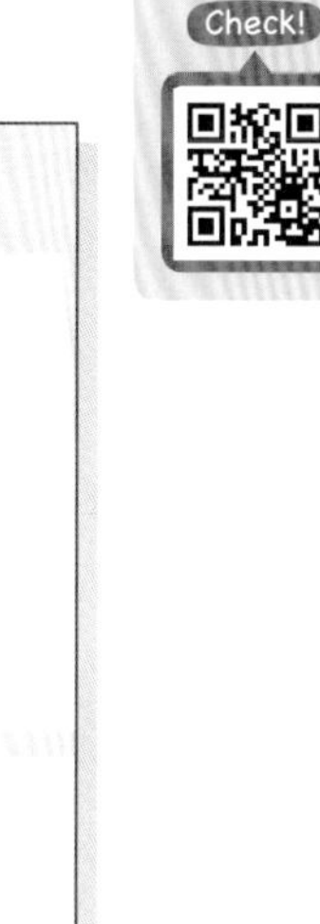

くすんだ色味でシックな雰囲気に ★色に関してはP156へ

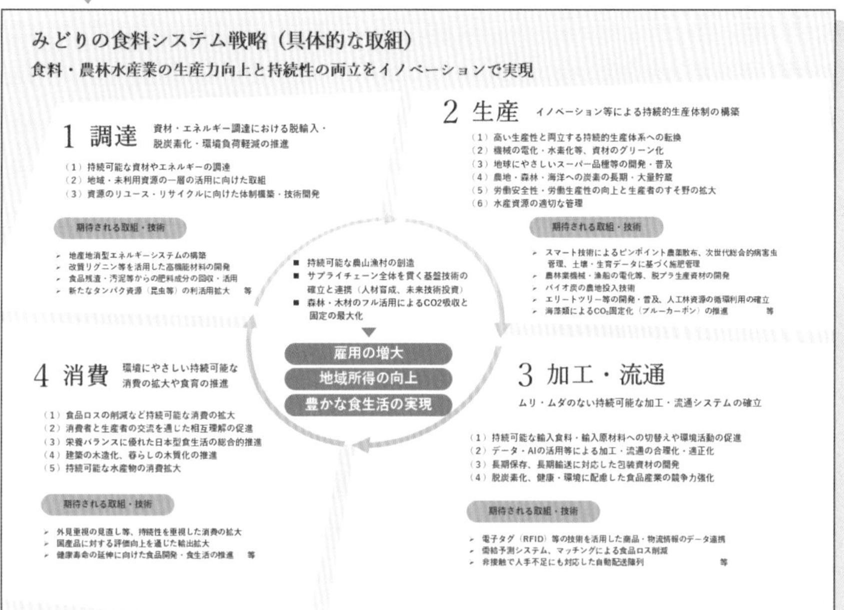

図形を「3D変形」の効果を使用することで奥行きを出し、目を引くデザインに
★図形の効果に関してはP166へ

memo

この案では高級感を出すために、くすんだ色味と、明朝体のフォントを使用してみました。

10 図形を活用したスライド ベン図

ベン図は重なる部分が多くなると、表示する要素が増え、どこの説明をしているのかわかりづらくなります。一目でどの要素のことなのかわかるスライドにしましょう。

出典 内閣府「29年提案募集に関する説明会・研修会の開催実績」

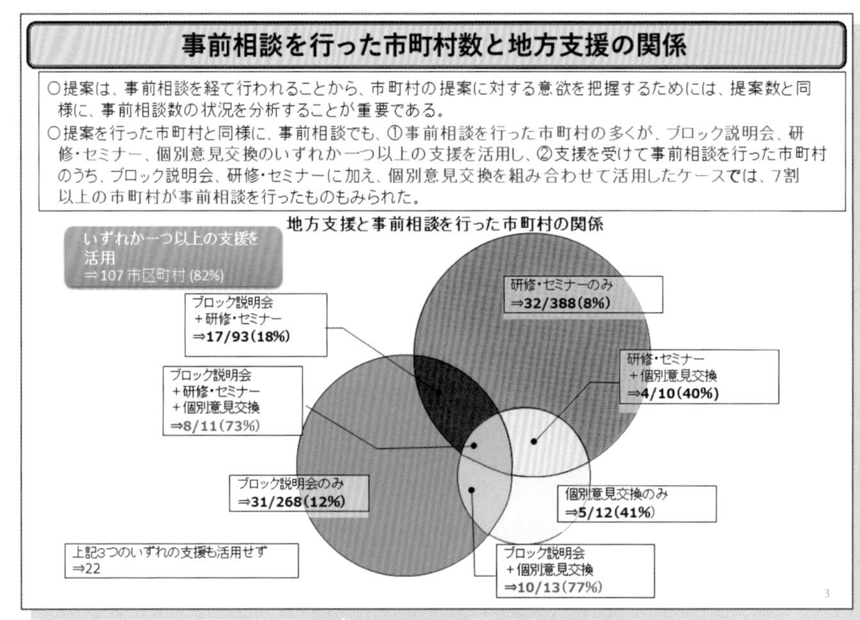

どこの部分を伝えたいのかわかりづらい

引き出し線が多くわかりづらい

色のトーンが全体的に統一されていない

なるべく引き出し線を使用しないようにしよう

伝えたい部分を強調しよう

整理整頓 色数を絞る

例えば３つの円だと３色使いたくなりますが、重要なのは伝えたい部分を強調することです。色はできるだけ絞りメリハリをつけましょう。

① 色の統一と強調（P20）

できるだけ図の中に情報を入れ込み、視線を動かさずに済むように

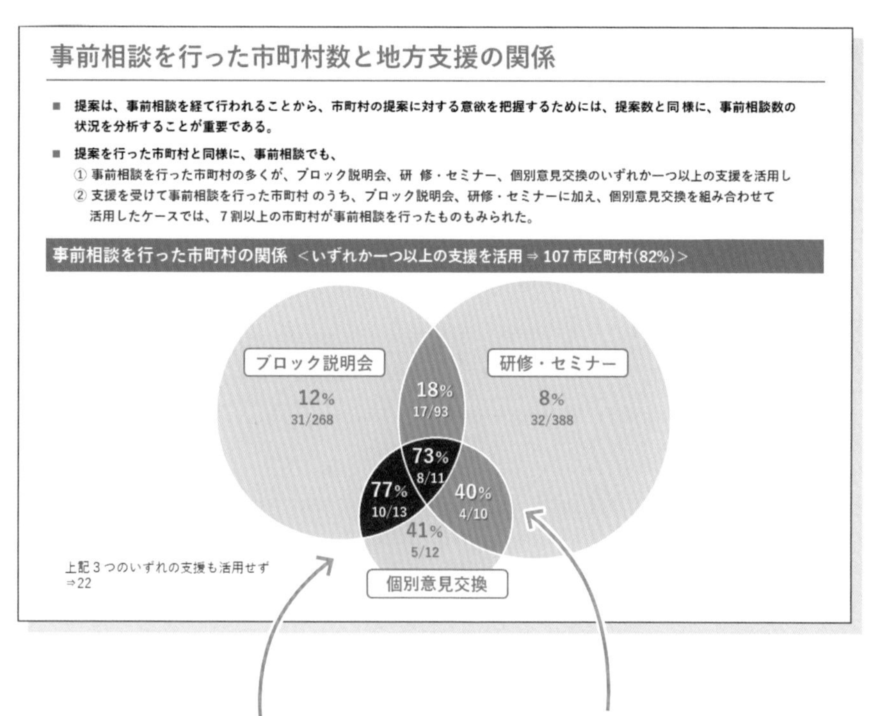

色を絞り、強調したい部分のみ赤色に

★図形の結合に関しては P168へ

図だけで伝わる内容であれば、余計な文字情報を削る

工夫をプラス アイコンを追加

ベン図が複雑になりそうなときは、ベン図はサブ的な扱いにし、アイコン等を活用した表現を検討します。

⑥表組みにする（P23）⑨ アイコンを使用する（P24）

色とアイコンで3つの違いを明確に

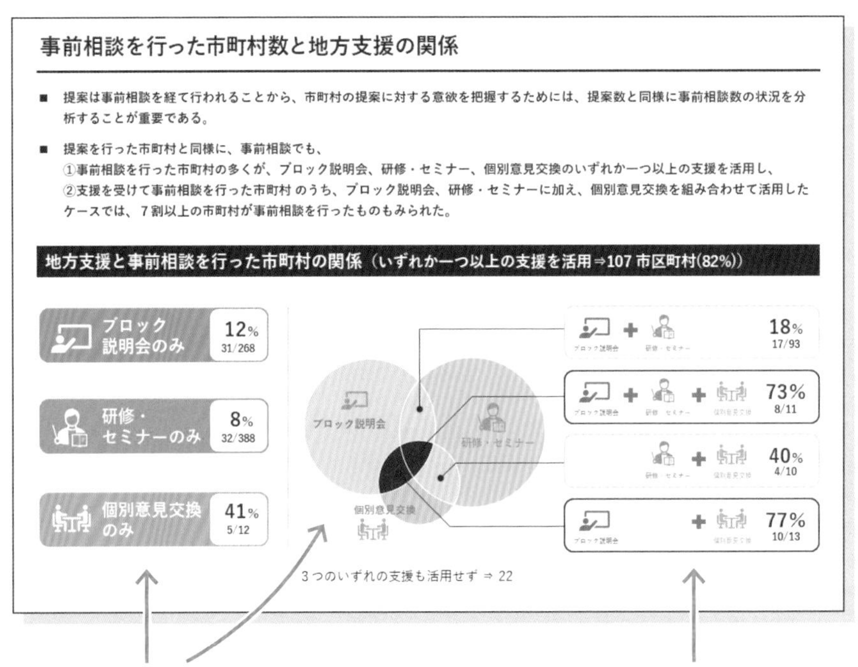

単体と重複の数値を分けて表現

アイコンの位置を揃えて重複具合を見せる

テイストをプラス 線で見せる

スライドに濃い背景色を敷く場合は、線だけで見せることもできます。特に、注目してもらいたい部分だけをベタ塗りにすると、目立たせることができます。

⑬ 図の中に文章を加える（P26）⑭ 背景に色を敷く（P27）

背景に濃い色を敷くことでフォーマルな雰囲気に

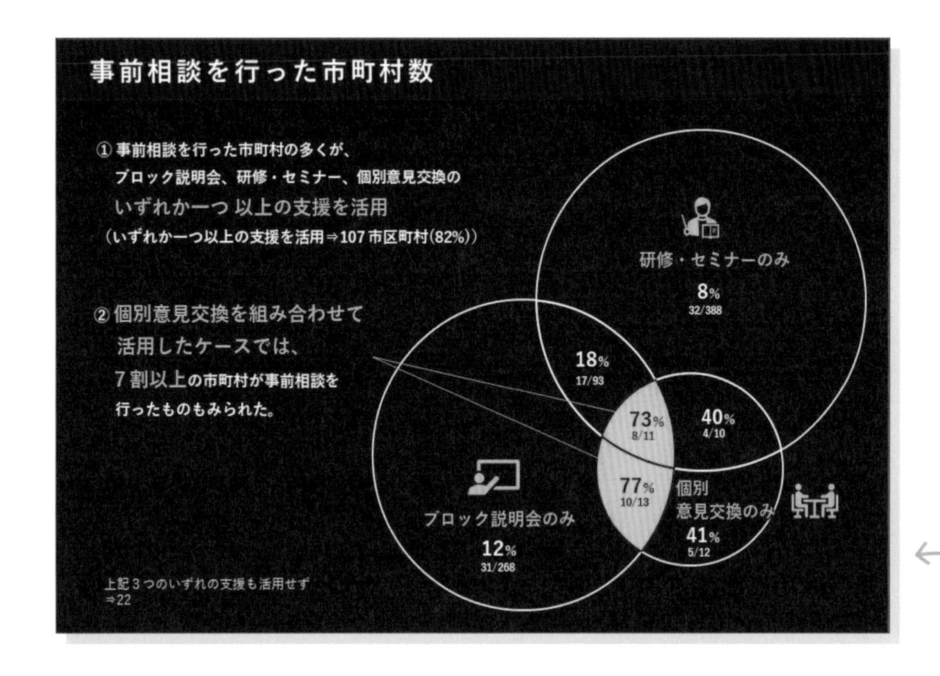

伝えたい文章のみに絞り込み、図と一体化させた見え方にすることで一目で伝わるように

★図形の結合に関してはP168へ

memo

この案ではフォーマルな印象にするために、背景に彩度が低く濃い紺色を使用してみました。

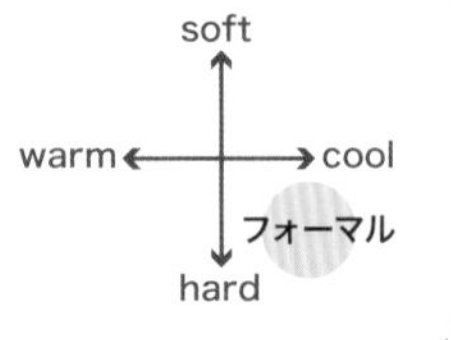

11 図形を活用したスライド 構成図

構成図はボックスや矢印を大きく表現しすぎるとわかりづらくなります。文字は小さくしていいので、全体像がシンプルにわかるような工夫が必要です。

出典 経済産業省 経済産業政策局
「第10回 日本の「稼ぐ力」創出研究会 グローバルベンチマークについて 事務局説明資料」

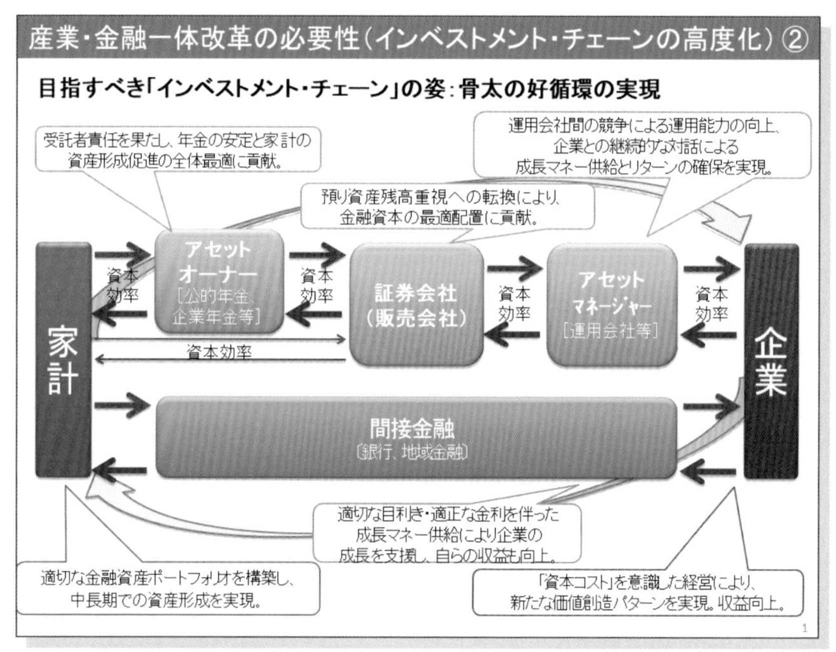

✕ 色数が多く乱雑な印象を受ける

✕ 吹き出しがどこに対応しているのかわかりにくい

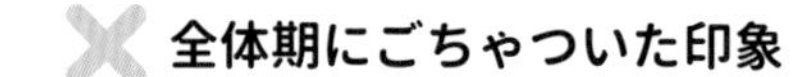

要素は重ならないようにしよう

ボックスや矢印を配置してから収まるように文字を入れよう

整理整頓 色数を絞る

家計と企業の色を矢印の流れにも反映させ、その他は思い切って色を入れずに構成します。そうすることで、大きな２つの流れを見せることができます。

① 色の統一と強調（P20）

色数を絞り、「家計」「企業」で色を統一

わかりやすい矢印で流れを明確に

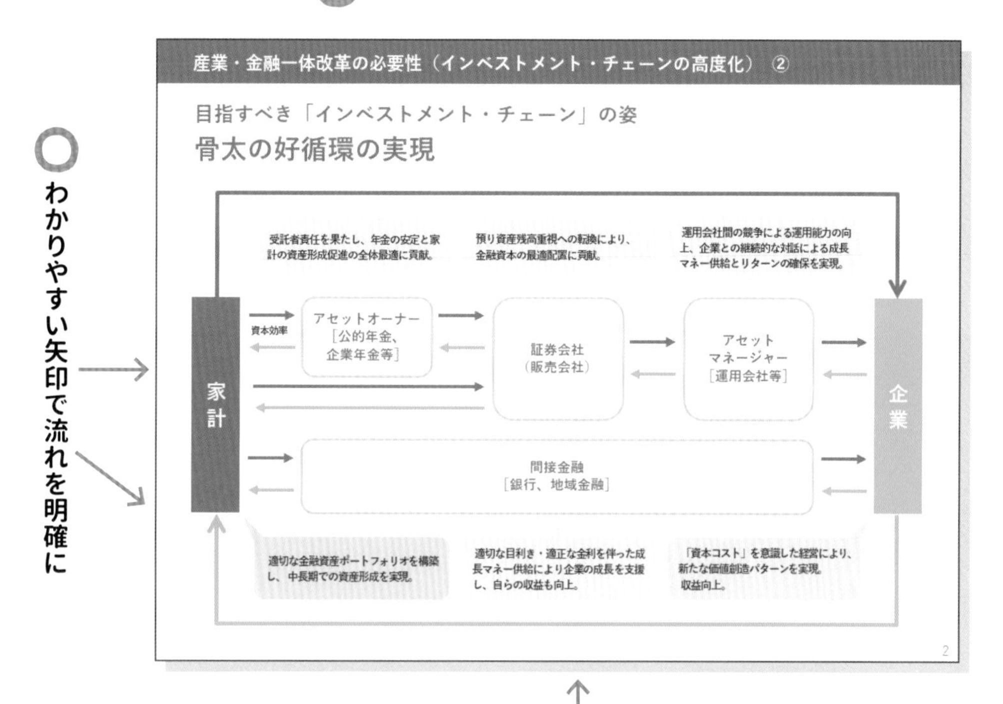

矢印の表現を統一し、他の要素と重ならないように配置

吹き出しを対象要素のなるべく近くに配置

★図の配置に関してはP165へ

キレイな吹き出しを作る

memo

矢印は強調しすぎると悪目立ちしてしまうので、抑えめにしましょう。

工夫をプラス アイコンを追加

アイコンを追加することで、各項目が一目でわかります。縦型にレイアウトし、構成図と吹出しを明確に分けることで図の理解をしやすいようにしました。

⑨ アイコンを使用する（P24）

構成図をコンパクトに表現することで、視線を散らさず一目でわかるように

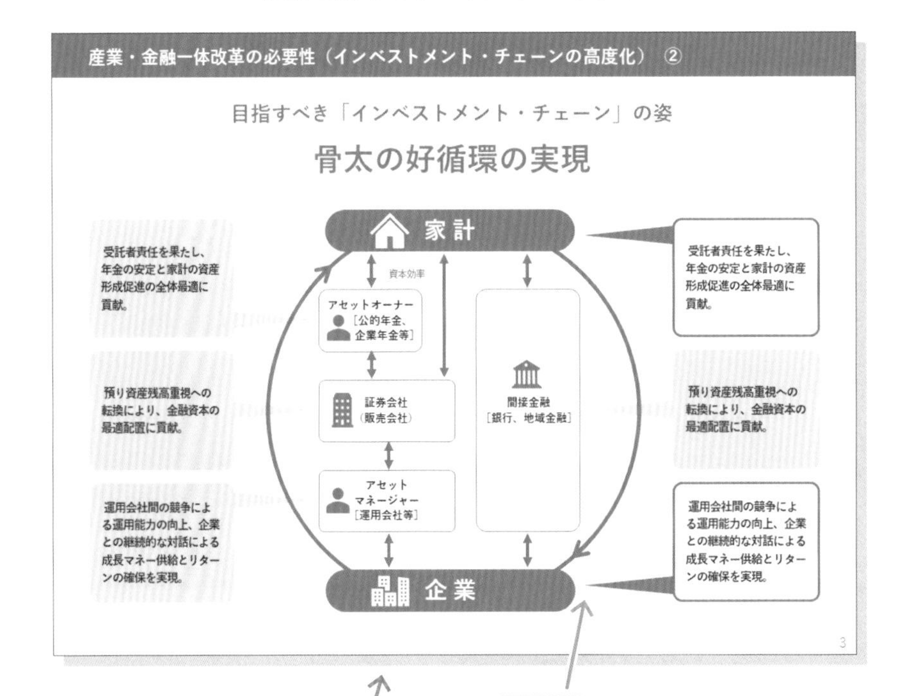

アイコンを使用することで内容をイメージしやすくする

使用図形

基本図形

曲線を利用した矢印で循環しているイメージを強調します。

テイストをプラス 色で見せる

吹き出しを使用すると、視線をあっちこっちと動かさないといけません。ボックスの中に収めると、そういった手間を省くことができます。

⑭ 背景に色を敷く（P27）

背景に淡い色を敷くことでやわらかな雰囲気に

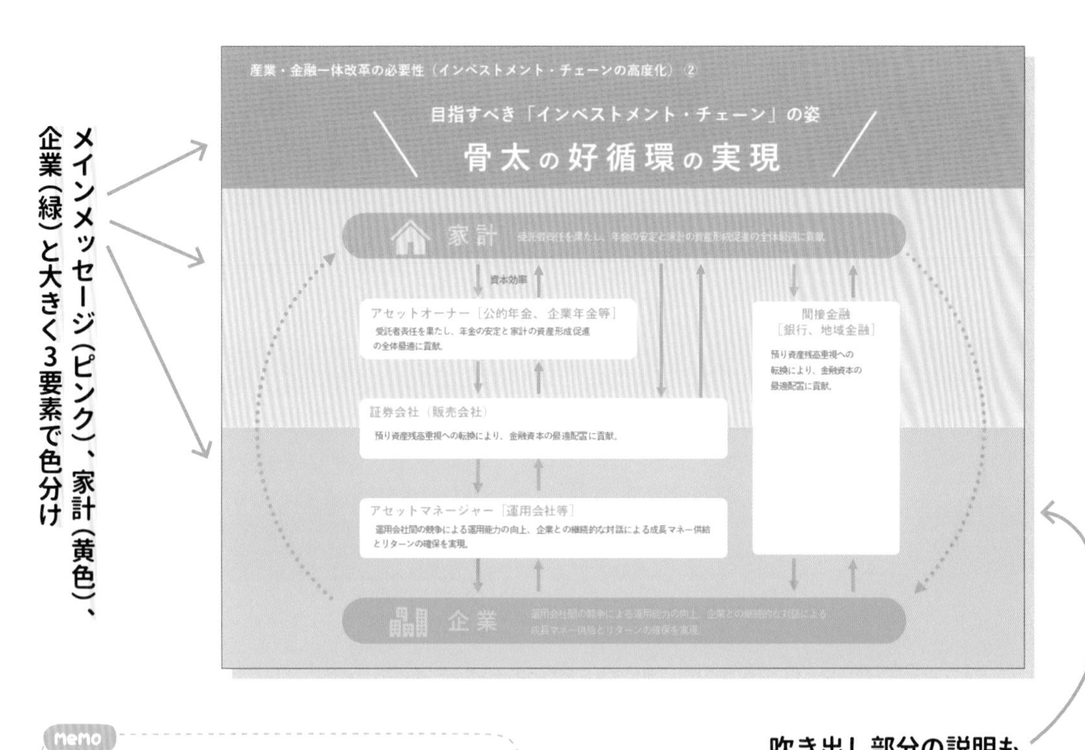

吹き出し部分の説明も
ボックス内に収める

Memo

この案ではポップな印象にするために、パステルカラーを使用してみました。

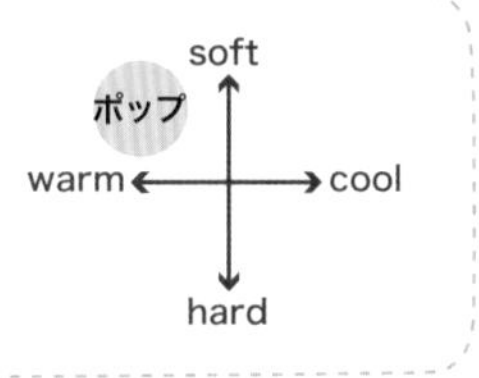

12 4象限を活用したスライド

4象限の表現は、各象限にそれぞれ意味があります。その意味以外の補足要素を入れるときは、乱雑な印象にならないように工夫しましょう。

✕ 無理に図を押し込んで潰れている

出典　経済産業省「雇用関係によらない働き方」に関する研究会報告書（概要）」

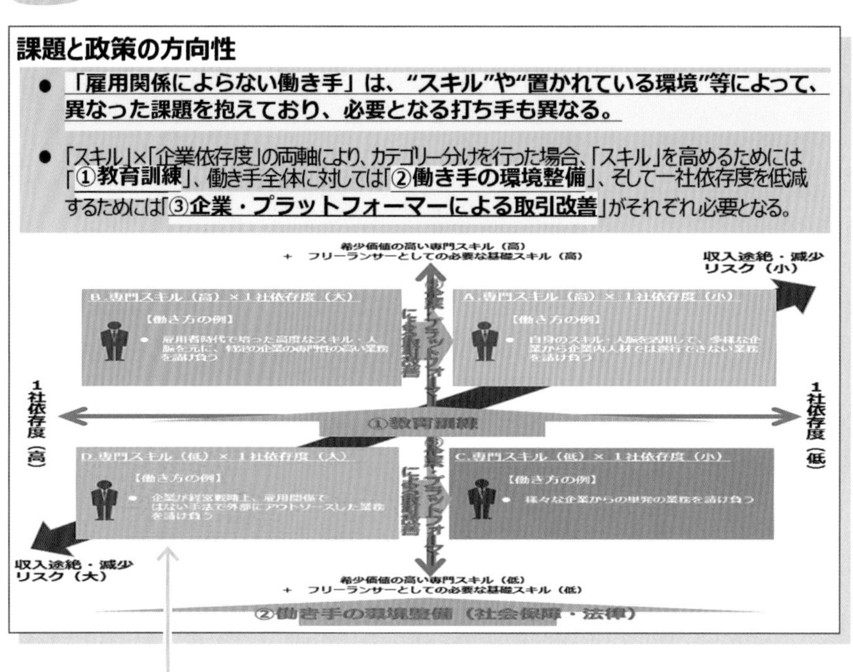

✕ 薄い色ベースに白文字が読みづらい

✕ 色数が多く情報の関連性がわかりづらい

4象限で色を変える必要があるか検討しよう

十字か表組みかL字がいいか検討しよう

整理整頓 色をしっかり分ける

各象限で４色使うと雑多なイメージになります。情報の階層で色を分けるようにしましょう。ここでは「軸」「各象限の内容」「①②③の強調ポイント」で分けています。

①色の統一と強調（P20）

関連のある情報別に色を分ける

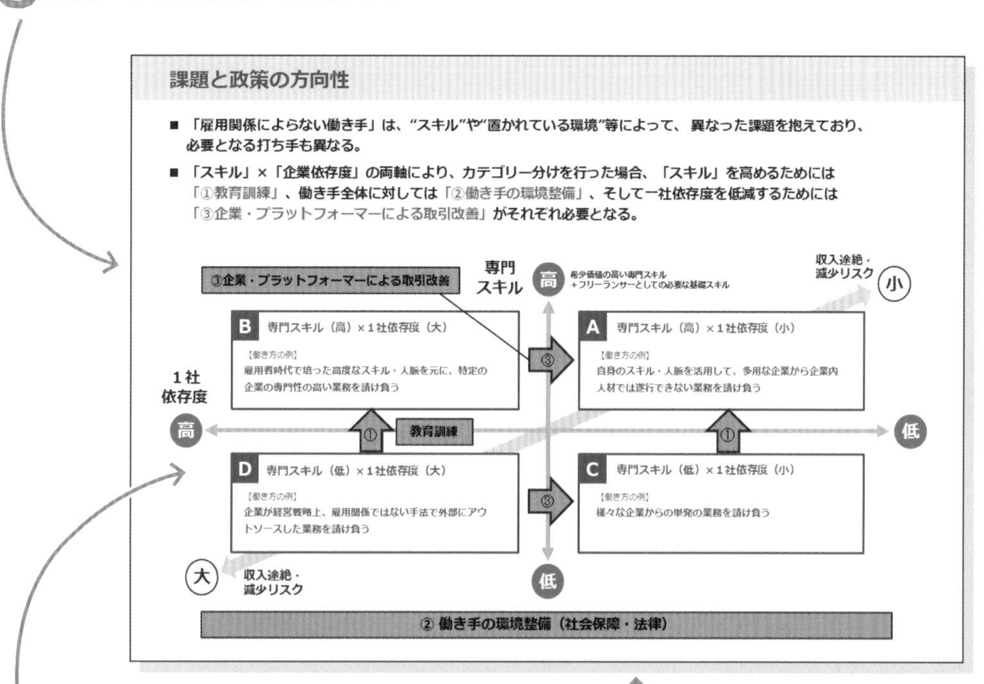

同じ色にした分「A~D」の記号がはっきりわかるように強調

背景色に負けない文字色に

★色と文字に関してはP156へ

memo

文字を大きく、図も大きくとしていくと余白がなくなり、すべての情報が隣り合わせで区別しにくくなります。

文字は小さくなったけど、なんだかスッキリして読みやすい！

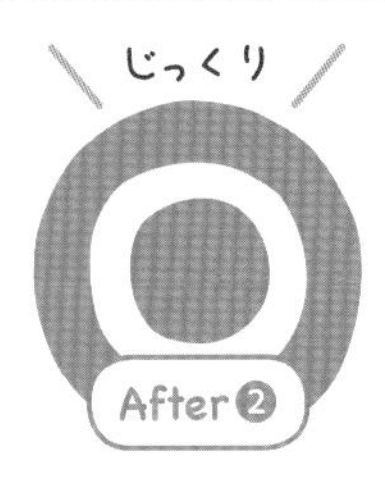

工夫をプラス 表組みにする

明確に分かれている4象限は、十字の矢印ではなく表組みで分けるとスッキリと見せることができます。十字にこだわることなく表現を検討しましょう。

⑥表組みにする（P23）⑨アイコンを使用する（P24）

明確に４つに分かれている場合は矢印ではなく、表組みの表現でもOK

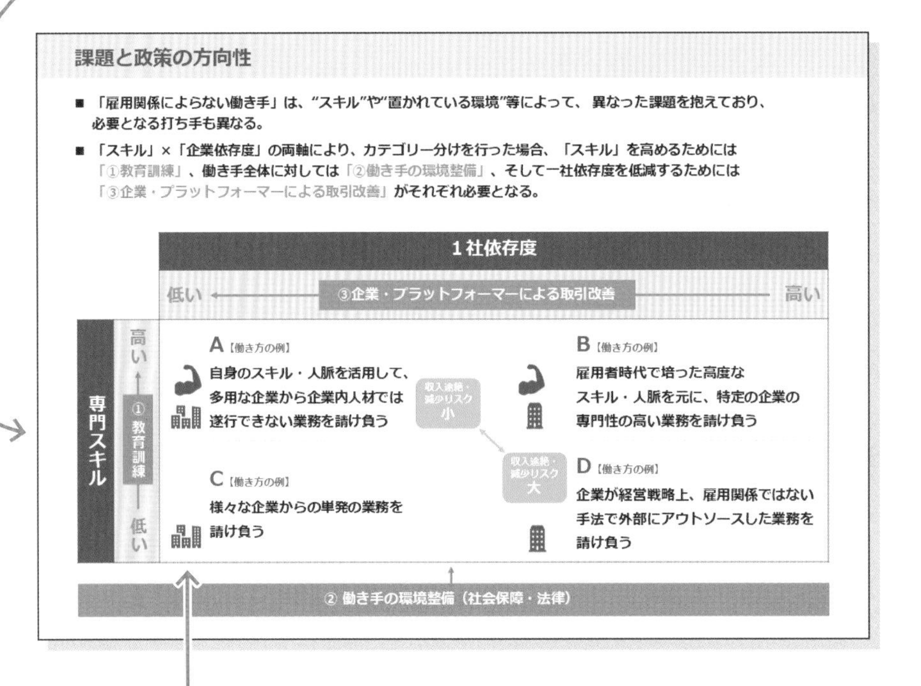

アイコンを使用することで内容をイメージしやすくする

MeMo

表組みのボックス内に複数要素を入れる場合は、表中に文字を打ち込まず、別のテキストボックスを使用した方が作成しやすいときもあります。

テイストをプラス L字ですっきりと

矢印を十字からL字にすることで、レイアウトをスッキリとさせることができます。青や黄色といった原色を使う場合、彩度を下げたパステルカラーを使うとクリアな印象を保てます。⑭背景に色を敷く（P27）

淡い寒色系の色を敷くことでクリアな印象に

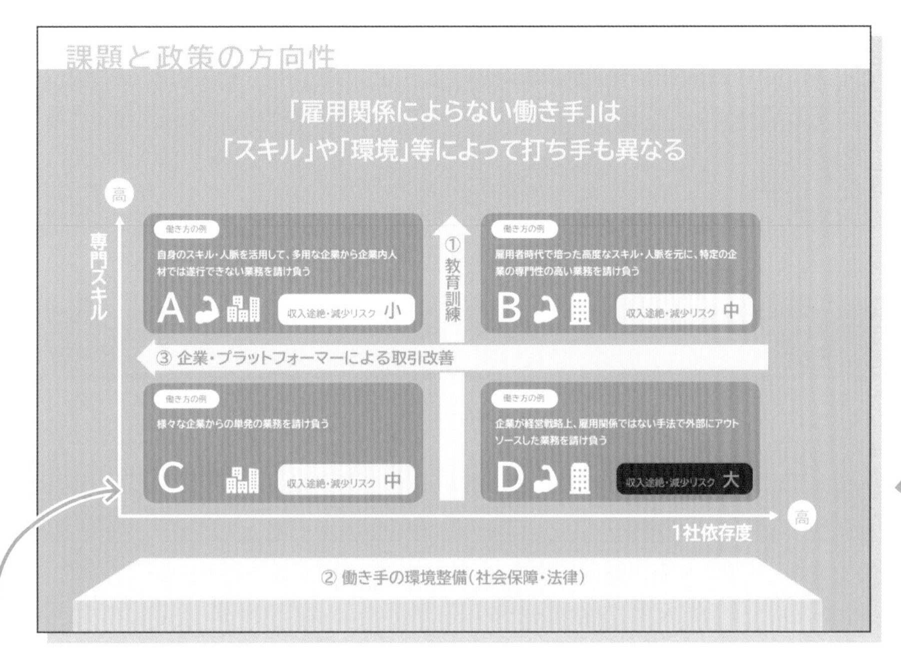

矢印を十字ではなくL字の表現でスッキリとした見た目に

memo

この案ではクリアな印象にするために、あまり線を使わず、彩度を下げた淡い寒色系の色を使用してみました。

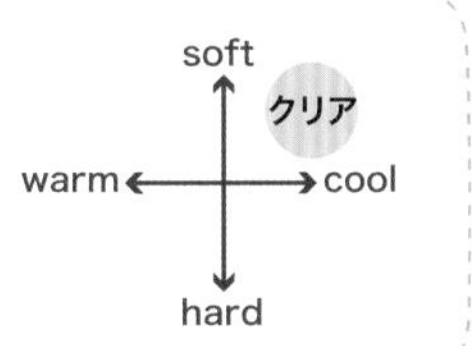

図形とグラデーションで方向性をわかりやすくする

13 フロー図を活用したスライド

フロー図は、流れを意識しすぎて矢印を大きくしてしまいがちです。レイアウトの仕方だけでも、流れを感じさせられるような工夫が必要です。

出典 経済産業省 経済産業政策局 産業組織課
「産業競争力強化法に基づく場所の定めのない株主総会制度説明資料」を改変

両大臣の確認に関する手続の流れ

- 場所の定めのない株主総会の開催にあたっては、経済産業大臣及び法務大臣の「確認」を受ける必要があるところ、両大臣の確認に関する手続の流れとしては、**①事前相談、②正式申請、③両省における審査、④確認書の交付**を想定。

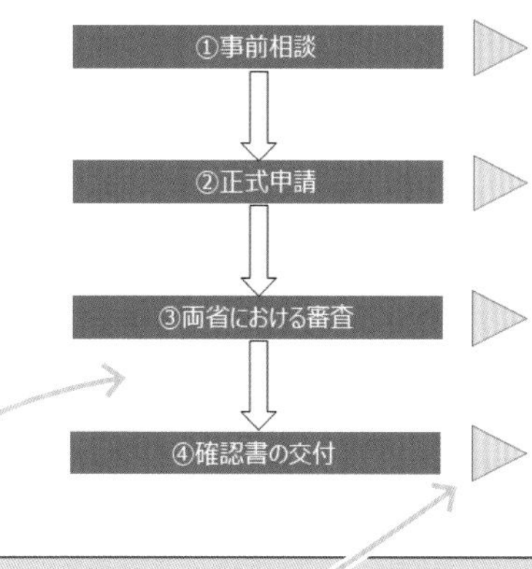

- 事前相談を行い、所定の申請書と添付書類を準備。

- 所定の申請書と添付書類を提出。
- ①郵送による提出方法のほか、②メールによる提出方法が可能。
- いずれも申請書の押印は不要（別途、電話等により本人確認を行う。）。

- 経済産業省と法務省において、提出を受けた申請書と添付書類について、審査を行う。

- 審査の結果、両大臣の確認をすることとなった場合には、両大臣の確認書を交付。

× 矢印が大きすぎる

関連する情報が一体化して見えるようにしよう

矢印が目立ちすぎないようにしよう

整理整頓 一体感を作る

ざっくりとした流れを赤で強調することで、一目でわかるようにしました。矢印は流れを表すところにのみ使い、目立ちすぎず、図形とバランスのいいサイズで入れましょう。①色の統一と強調（P20）

強調部分（赤字部分）を見れば ざっくりとした内容がわかるように

両大臣の確認に関する手続の流れ

場所の定めのない株主総会の開催にあたっては、経済産業大臣及び法務大臣の「確認」を受ける必要があるところ、両大臣の確認に関する手続の流れとしては、
①事前相談、②正式申請、③両省における審査、④確認書の交付を想定。

① 事前相談	■ 事前相談を行い、所定の申請書と添付書類を準備。
② 正式申請	■ 所定の申請書と添付書類を提出。 ■ ①郵送による提出方法のほか、②メールによる提出方法が可能。 ■ いずれも申請書の押印は不要（別途、電話等により本人確認を行う）。
③ 両省における審査	■ 経済産業省と法務省において、提出を受けた申請書と添付書類 について、審査を行う。
④ 確認書の交付	■ 審査の結果、両大臣の確認をすることとなった場合には、両大臣の確認書を交付。

矢印は小さくても伝わるので メインにならないように

左と右の情報を同じ高さの図形で つなぎ関連性を強めて見せる

Memo

矢印を入れる際は、その矢印は本当に必要か今一度検討してみましょう。単に近づけるだけで十分かもしれません。

情報のまとまりができてわかりやすくなった！

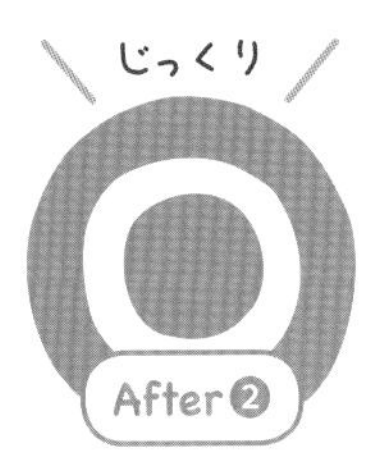

工夫をプラス 横向きの流れにする

横に大きな項目を並べて、一貫した流れであることをより伝わりやすくしました。
アイコンを入れることで、各項目の内容が何であるかがすぐわかるようになります。

⑦フロー図に変更（P23）

1本の矢印で、一気通貫で行えることを表す

両大臣の確認に関する手続の流れ

場所の定めのない株主総会の開催にあたっては、経済産業大臣及び法務大臣の「確認」を受ける必要があるところ、両大臣の確認に関する手続の流れとしては、

①事前相談　②正式申請　③両省における審査　④確認書の交付 を想定。

1 事前相談
- 事前相談を行い、所定の申請書と添付書類を準備。

2 正式申請
- 所定の申請書と添付書類を提出。
- ①郵送による提出方法のほか、②メールによる提出方法が可能。
- いずれも申請書の押印は不要（別途、電話等により本人確認を行う）。

3 両省における審査
- 経済産業省と法務省において、提出を受けた申請書と添付書類 について、審査を行う。

4 確認書の交付
- 審査の結果、両大臣の確認をすることとなった場合には、両大臣 の確認書を交付。

アイコンを使用することで内容をイメージしやすくする

横にレイアウトし、数字を目立たせることで流れをわかりやすく表現

memo
この他にも表組みや矢羽根の図形などを活用したフロー図の表現が考えられます。

テイストをプラス 浮かび上がる表現に

最近、凝ったプレゼン資料でよく見られるニューモーフィズムという技法を取り入れました。この技法は、凹凸で奥行きを表現するような構造で、1枚の紙からすべてができているように見せるものです。⑭背景に色を敷く（P27）

作り方動画 Check!

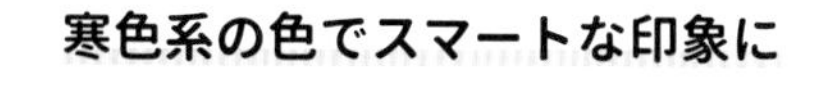

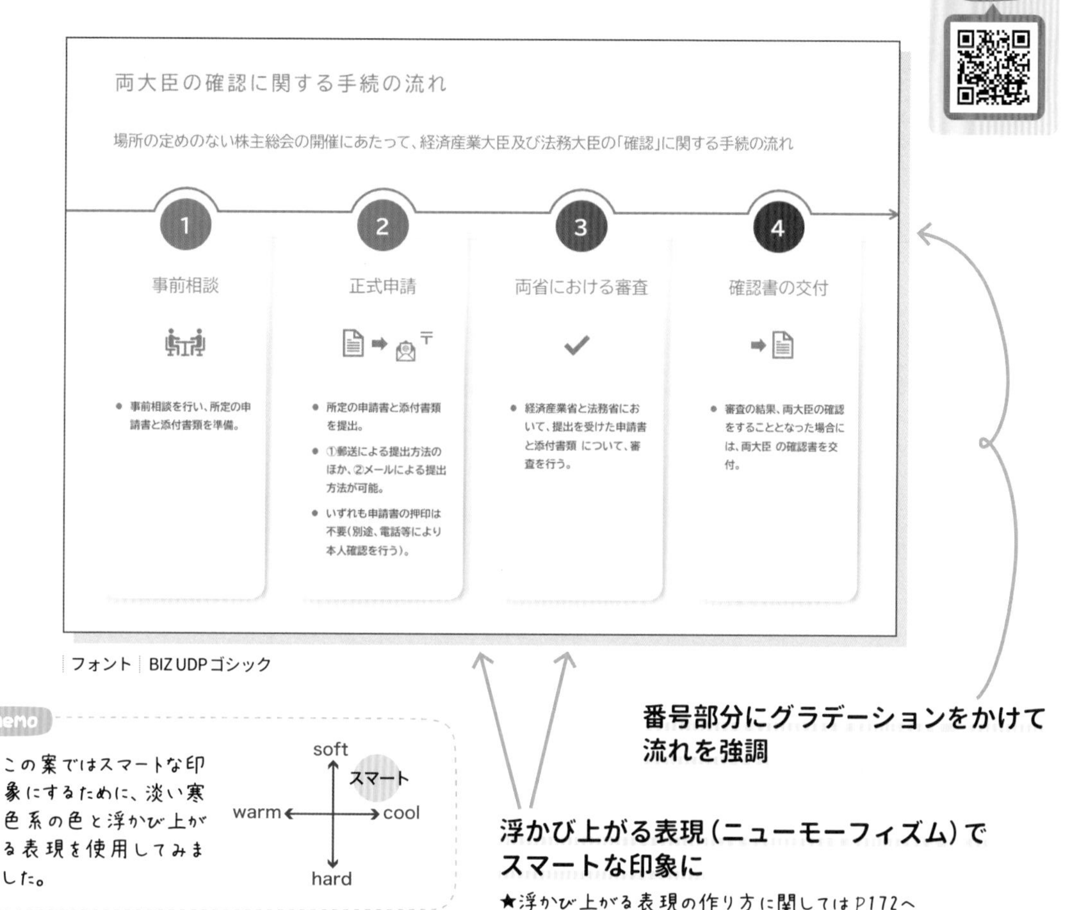

フォント BIZ UDPゴシック

14 表を活用したスライド 項目少なめ

表は数字や文字を整列させる手法の一つです。表は線を使うデザインになりがちですが、情報量が増えてしまうので、線を感じさせない工夫が必要です。

出典 経済産業省「第1回 安全機器の保安機能維持のための共通基盤技術の調査研究プロジェクト事後評価検討会」

2. 調査研究目標

2－1　全体目標の設定

一般消費者等の生活環境の変化、最新のガス消費機器の登場などを踏まえ、現在、一般消費者等で使用されているマイコンメータの保安機能を向上させるため、マイコンメータの遮断判定値、異常判断ロジックの見直し検討・開発を行う。

2－2　個別テーマ目標の設定

テーマ	個別テーマ
(1) ガス消費機器のガス消費パターンの調査	① 集中監視事業者調査
	② ガス消費量等データ収集装置製作
	③ ガス消費パターン調査
	④ ガス消費特性データ調査
(2) マイコンメータの保安機能の維持向上のためのロジックの見直し	① 解析ソフトの作成、解析
	② 保安機能ロジックの見直し、検討

1

表の線の色が濃く、目立ちすぎている

色のトーンが鮮やかすぎる

表の線が多い

ポイント

線がなくても伝わらないか検討しよう

表組み以外の表現方法がないかも検討しよう

シンプル

After❶

整理整頓 縦線を消す

格子状の表は情報の関連性がわかりづらいです。縦線をなくすことで情報の流れが見え、さらに線が減ることで文字が目に入りやすくなります。

①色の統一と強調（P20）⑥表組みにする（P23）

作り方動画 Check!

表頭のみに落ち着いた色を

2．調査研究目標

2-1. 全体目標の設定

一般消費者等の生活環境の変化、最新のガス消費機器の登場などを踏まえ、
現在、一般消費者等で使用されているマイコンメータの保安機能を向上させるため、
マイコンメータの遮断判定値、異常判断ロジックの見直し検討・開発を行う。

2-2. 個別テーマ目標の設定

テーマ	個別テーマ
(1) ガス消費機器の ガス消費パターンの調査	① 集中監視事業者調査 ② ガス消費量等データ収集装置製作 ③ ガス消費パターン調査 ④ ガス消費特性データ調査
(2) マイコンメータの保安機能の 維持向上のための ロジックの見直し	① 解析ソフトの作成、解析 ② 保安機能ロジックの見直し、検討

表の縦の線をなくしてスッキリと
余白は多めに

表の線の色は薄めに

★表に関してはP188へ

memo

表組みは縦の線を思い切ってなくすと、横への視線誘導がスムーズになります。

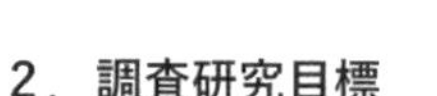

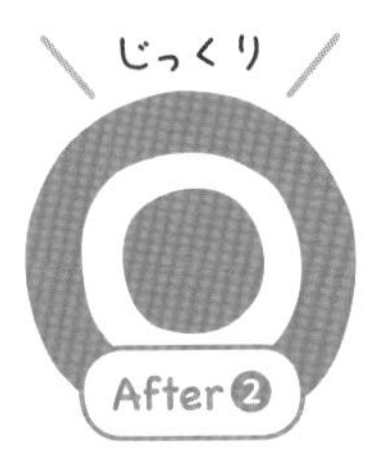

工夫をプラス 表を分ける

内容をよく読むとテーマが２つあり、それぞれの表にスッキリまとめることができます。扱う内容によって的確な図解を使うことが大切です。

③図の縦横を変更（P21）

タイトル部分のみ濃い色で白抜き文字でメリハリ

2．調査研究目標

2-1. 全体目標の設定

一般消費者等の生活環境の変化、最新のガス消費機器の登場などを踏まえ、
現在、一般消費者等で使用されているマイコンメータの保安機能を向上させるため、
マイコンメータの遮断判定値、異常判断ロジックの見直し検討・開発を行う。

2-2. 個別テーマ目標の設定

テーマ 1	ガス消費機器の ガス消費パターンの調査
【個別テーマ】 ① 集中監視事業者調査 ② ガス消費量等データ収集装置製作 ③ ガス消費パターン調査 ④ ガス消費特性データ調査	

テーマ 2	マイコンメータの保安機能の 維持向上のたのロジックの見直し
【個別テーマ】 ① 解析ソフトの作成、解析 ② 保安機能ロジックの見直し、検討	

表の大項目別に囲い、一目で同レベルの２つのテーマがあることをわかりやすくする

テイストをプラス 写真と図形の透過

スライドの内容に合わせた画像を挿入してみましょう。図解のベタ塗り部分を透過させることで、画像の全体を感じることができます。さらに、項目にアイコンを使うことでわかりやすさをアップさせます。

⑧画像を使用する（P24）⑨アイコンを使用する（P24）⑫線でつなぐ（P26）

背景に画像を敷き、暗いトーンにすることで落ち着いた雰囲気に

★画像に関してはP178へ

個別テーマの6個を同列に見せるために同じ面積の四角で構成

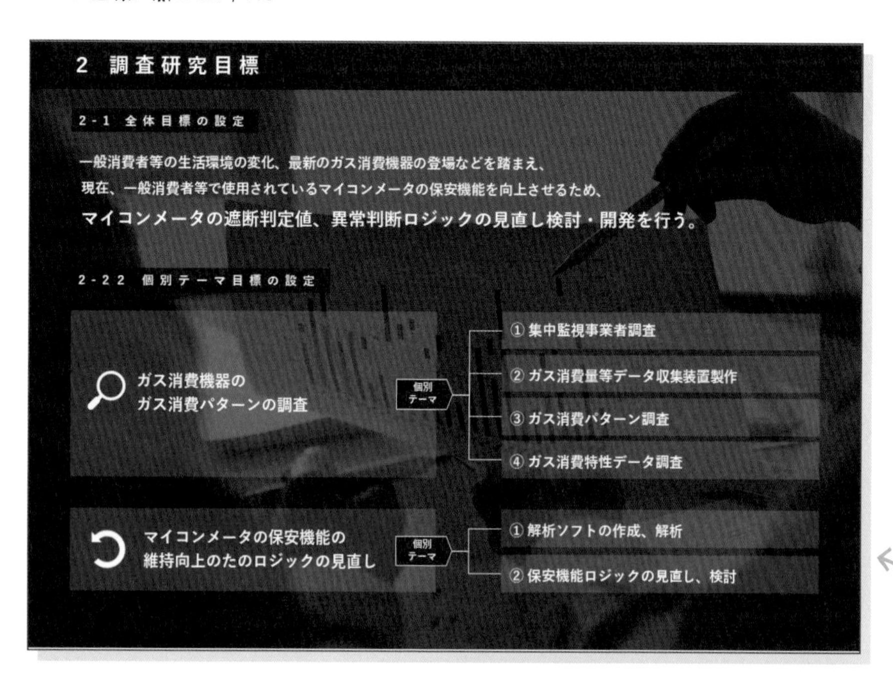

項目の四角内の色を少しだけ透過させることで背景の画像を感じさせる

★透過に関してはP162へ

memo

この案ではフォーマルな印象にするために、明るさを抑えた画像と紺色を使用してみました。

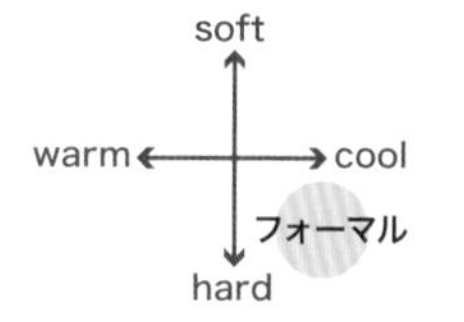

15 表を活用したスライド 項目多め

項目が多い表は乱雑に見えてしまうので、表の中でもまとまりや流れを感じさせる工夫が必要です。

出典 経済産業省「雇用関係によらない働き方」に関する研究会報告書（概要）」

①教育訓練のあり方について

- 働き手が自ら能力・スキルを継続的に形成する必要。しかし、**我が国の働き手全体に『能力・スキル形成意識』が低く**、**働き手と企業との間に能力・スキルのギャップ**が存在。
- 働き手のみに期待するのではなく、**プラットフォーマーや国・業界団体など多様な主体が 教育訓練の場を提供**することや、コスト負担のあり方についても検討が必要。

	現状と課題	方向性
1. 働き手の能力・スキル形成意識	◆「雇用関係によらない働き方」に限らず、**我が国の働き手全体として、『能力・スキル形成意識』が低い**。	➢「**自律したキャリア形成意識**」を啓発 ➢ プラットフォーマーや発注側企業において、**能力・スキルを適切に評価する仕組み**、**教育訓練 による効果の見える化**などが必要。
2. 能力・スキルに関するニーズのギャップ	◆ 働き手と企業の間で、**求められる能力・スキルのギャップ**がある。	➢ 専門性以外に、業務を円滑に進める**「交渉力」「人脈」「問題解決」などの基礎力**を重視。 ➢ 能力・スキル形成メニューの周知や、働き手が 相談できる窓口（プラットフォーマーなど）
3. 能力・スキル形成の手法	◆ 独学や前職の職務経験による能力・スキル形成が大半を占め、**効果的な教育訓練が受けられていない**。	➢ 国による**中小企業・小規模事業者支援施策**の周 知 ➢ プラットフォーマーに加え、国・業界団体など も含めた**多様な主体**による能力・スキル形成 ➢ 民間教育ベンダーの振興
4. 費用負担	◆ 働き手の半数以上がスキル 形成に費用をかけておらず、 **経済的な理由も一定割合**。	➢ コストのあり方の検討

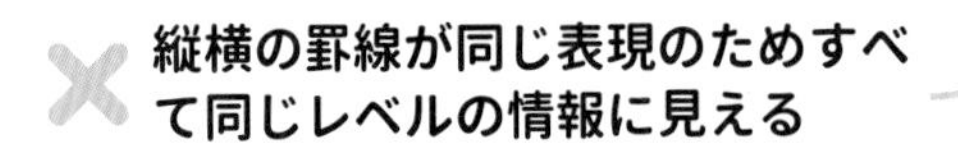

表の中でも内容に応じて見せ方を変えよう

流れを感じさせる作り方をしよう

整理整頓 横罫線を入れる

スライド全体の余白、リード文と表の間のスペースをしっかりとり、スッキリ見せます。過度なベタ塗りを避け、線が多くならないように赤字やスペースで強弱をつけましょう。⑥ 表組みにする（P23）

全体的に余白をとり「タイトル」「リード文」「表」が明確にわかるように

① 教育訓練のあり方について

- 働き手が自ら能力・スキルを継続的に形成する必要。しかし、我が国の働き手全体に『能力・ スキル形成意識』が低く、働き手と企業との間に能力・スキルのギャップが存在。
- 働き手のみに期待するのではなく、プラットフォーマーや国・業界団体など多様な主体が 教育訓練の場を提供することや、コスト負担のあり方についても検討が必要。

		現状と課題	方向性
1	働き手の能力・スキル形成意識	「雇用関係によらない働き方」に限らず、**我が国の働 き手全体として、『能力・ スキル形成意識』が低い。**	● **「自律したキャリア形成意識」**を啓発 ● プラットフォーマーや発注側企業において、**能力・スキルを適切に評価する仕組み、教育訓練 による効果の見える化**などが必要。
2	能力・スキルに関するニーズのギャップ	働き手と企業の間で、**求められる能力・スキルのギャップ**がある。	● 専門性以外に、業務を円滑に進める**「交渉力」「人脈」「問題解決」などの基礎力**を重視。 ● 能力・スキル形成メニューの周知や、働き手が 相談できる窓口（プラットフォーマーなど）
3	能力・スキル形成の手法	独学や前職の職務経験によ る能力・スキル形成が大半 を占め、**効果的な教育訓練が受けられていない。**	● 国による**中小企業・小規模事業者支援施策**の周知 ● プラットフォーマーに加え、国・業界団体など も含めた**多様な主体**による能力・スキル形成 ● 民間教育ベンダーの振興
4	費用負担	働き手の半数以上がスキル 形成に費用をかけておらず、 **経済的な理由も一定割合。**	● コストのあり方の検討

4つのテーマがまずわかるように他と異なる表現（背景色あり）に

横罫線のみを使用し、左から右への流れを感じさせる

memo

表の中でも箇条書きや行間などの設定もできるのでこだわる方は試してみてください。

工夫をプラス 流れを見せる

左から右に読んでもらえるように、方向がわかる図形を入れます。結論部分の「方向性」には、リード文に使った強調の赤色を使いましょう。

⑦フロー図に変更（P23）

横の流れを感じさせるための余白

① 教育訓練のあり方について

- 働き手が自ら能力・スキルを継続的に形成する必要。しかし、**我が国の働き手全体に『能力・ スキル形成意識』が低く、働き手と企業との間に能力・スキルのギャップ**が存在。
- 働き手のみに期待するのではなく、**プラットフォーマーや国・業界団体など多様な主体が教育訓練の場を提供**することや、コスト負担のあり方についても検討が必要。

		現状と課題	方向性
1	働き手の能力・スキル形成意識	「雇用関係によらない働き方」に限らず、**我が国の働き手全体として、『能力・スキル形成意識』が低い。**	● **「自律したキャリア形成意識」**を啓発 ● プラットフォーマーや発注側企業において、**能力・スキルを適切に評価する仕組み、教育訓練 による効果の見える化**などが必要。
2	能力・スキルに関するニーズのギャップ	働き手と企業の間で、**求められる能力・スキルのギャップ**がある。	● 専門性以外に、業務を円滑に進める**「交渉力」「人脈」「問題解決」などの基礎力**を重視。 ● 能力・スキル形成メニューの周知や、働き手が 相談できる窓口（プラットフォーマーなど）
3	能力・スキル形成の手法	独学や前職の職務経験による能力・スキル形成が大半を占め、**効果的な教育訓練が受けられていない。**	● 国による**中小企業・小規模事業者支援施策**の周知 ● プラットフォーマーに加え、国・業界団体なども含めた**多様な主体**による能力・スキル形成 ● 民間教育ベンダーの振興
4	費用負担	働き手の半数以上がスキル 形成に費用をかけておらず、**経済的な理由も一定割合。**	● コストのあり方の検討

結論部分に強調色（赤）の濃淡を使用して重要度を伝える

使用図形

ブロック矢印

より左から右への流れを感じさせるための図形を使用します。

テイストをプラス 図形モチーフで見せる

斜めのモチーフはスマートさを演出します。同じ図形で全体を構成することで、感じてほしいテイストをより強調することができます。

⑭背景に色を敷く（P27）

寒色系の色を敷くことでスマートな印象に

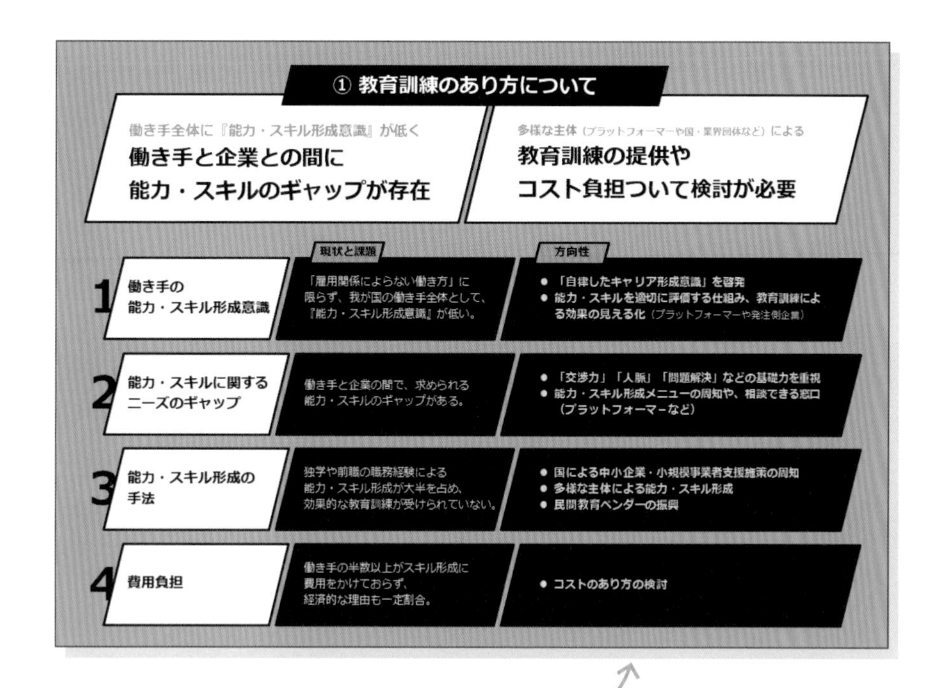

memo

この案ではスマートな印象にするために、寒色系の色味と平行四辺形を使用してみました。

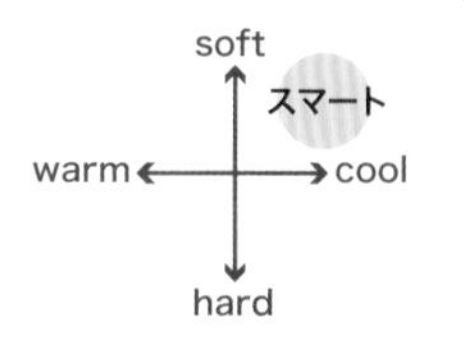

使用図形

基本図形

全体的に平行四辺形の図形をモチーフにして、動きが感じられる印象にしましょう！

16 価格・予算を活用したスライド

価格・予算はどの項目がどの数値を指しているのかわかることが重要です。色や枠線を活用してわかりやすくする工夫が必要です。

出典　内閣府科学技術・イノベーション推進事務局
「科学技術関係予算令和4年度概算要求について」

令和4年度概算要求における科学技術関係予算<全体額>

（単位：億円）

	令和4年度概算要求暫定額（要求額＋要望額）		【参考】令和3年度当初予算額	【参考】対前年度比較	
		うち「新たな成長戦略枠」要望額		増額	増減率(%)
科学技術関係予算（A＋B）	**44,704**	**9,737**	**41,414**	**3,290**	**7.9%**
1 一般会計（A）	35,744	7,767	33,515	2,229	6.7%
2 特別会計（B）	8,959	1,970	7,899	1,060	13.4%

（※1）「科学技術関係予算」とは、科学技術振興費の他、国立大学の運営費交付金・私学助成等のうち科学技術関係、科学技術を用いた新たな事業化の取組、新技術の実社会での実証試験、既存技術の実社会での普及促進の取組等に必要な経費としている。
（※2）現時点の集計においては、科学技術関係予算の集計に向けた予算事業の分類について、政府内での調整が残っている事業があること等から、上記は暫定的な集計値である。
（※3）本集計は、現時点で未確定である公共事業費の一部等を除いている。予算編成過程における公共事業等に係る政府事業・制度等のイノベーション化の検討も踏まえ、該当する予算を今後追加・集計予定。

1

大きく3つに分かれているが、どういう関係性かがわかりにくい

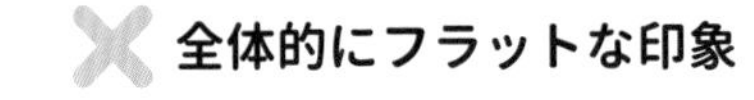
全体的にフラットな印象

各項目ごとの数値であることを明確にしよう

各項目の関係性が表現できないかを考えてみよう

整理整頓 関係性を表現

離れていた3つの枠の関係性を符号を使って表すことで、わかりやすくしました。その他、メインと参考の違いにもメリハリをつけています。

①色の統一と強調 (P20)

マイナス、イコールの表記を追加することで、3つの枠の関係性を表現

令和4年度概算要求における科学技術関係予算 ＜全体額＞

（単位：億円）

	令和4年度 概算要求暫定額【要求額＋要望額】		【参考】令和3年度 当初予算額		【参考】対前年度比較 増額
科学技術関係予算（A＋B）	**44,704（9,737）**	—	**41,414**	＝	**＋3,290（7.9%）**
1 一般会計（A）	35,744（7,767）	—	33,515	＝	＋2,229（6.7%）
2 特別会計（B）	8,959（1,970）	—	7,899	＝	＋1,060（13.4%）

() 内は、「新たな成長戦略枠」要望額

() 内は、増減率

（※１）「科学技術関係予算」とは、科学技術振興費の他、国立大学の運営費交付金・私学助成等のうち科学技術関係、科学技術を用いた新たな事業化の取組、新技術の実社会での実証試験、既存技術の実社会での普及促進の取組等に必要な経費としている。
（※2）現時点の集計においては、科学技術関係予算の集計に向けた予算事業の分類について、政府内での調整が残っている事業があること等から、上記は暫定的な集計値である。
（※３）本集計は、現時点で未確定である公共事業費の一部等を除いている。予算編成過程における公共事業等に係る政府事業・制度等のイノベーション化の検討も踏まえ、該当する予算を今後追加・集計予定。

「メイン」と「参考」の違いがわかるように

memo
表機能の線の太さ・色、塗りつぶしなどを使用して強弱をつけるようにしましょう。

表の見方、関係性がすごくわかりやすくなった！

工夫をプラス 横の流れを強調

横に分断していた表を一つにすることで、関連性を持たせます。一番目立たせたい表をベタにすることで、強調します。

②見出しの強調（P21）

囲みの図形を変化させることで情報の種類を区別

令和４年度概算要求における科学技術関係予算 <全体額>

（単位：億円）

	令和4年度 概算要求暫定額【要求額＋要望額】		【参考】令和3年度 当初予算額		【参考】対前年度比較 増額
科学技術関係予算（A＋B）	**44,704（9,737）**	－	**41,414**	＝	**＋3,290（7.9%）**
1 一般会計（A）	35,744（7,767）	－	33,515	＝	＋2,229（6.7%）
2 特別会計（B）	8,959（1,970）	－	7,899	＝	＋1,060（13.4%）

（）内は、「新たな成長戦略枠」要望額　　（）内は、増減率

（※1）「科学技術関係予算」とは、科学技術振興費の他、国立大学の運営費交付金・私学助成等のうち科学技術関係、科学技術を用いた新たな事業化の取組、新技術の実社会での実証試験、既存技術の実社会での普及促進の取組等に必要な経費としている。
（※2）現時点の集計においては、科学技術関係予算の集計に向けた予算事業の分類について、政府内での調整が残っている事業があること等から、上記は暫定的な集計値である。
（※3）本集計は、現時点で未確定である公共事業費の一部等を除いている。予算編成過程における公共事業等に係る政府事業・制度等のイノベーション化の検討も踏まえ、該当する予算を今後追加・集計予定。

色ベタで横の流れと、最も知らせたい数値を強調

memo
内容を読み込むことで、表組みではなく計算式を見せるほうがより意図が伝わるのではと考えました。

テイストをプラス カラフルに

この資料では、数字と同等にタイトルも重要です。タイトルに、目立つあしらいを加えることで強調します。背景に使う画像と表で使う色のトーンを合わせることがポイントです。タイトル部分を邪魔しないような画像を選ぶと見やすいでしょう。

⑧画像を使用する（P24）⑩多色使いする（P25）

背景に青空の画像を使用することで明るい印象に

★画像に関してはP178へ

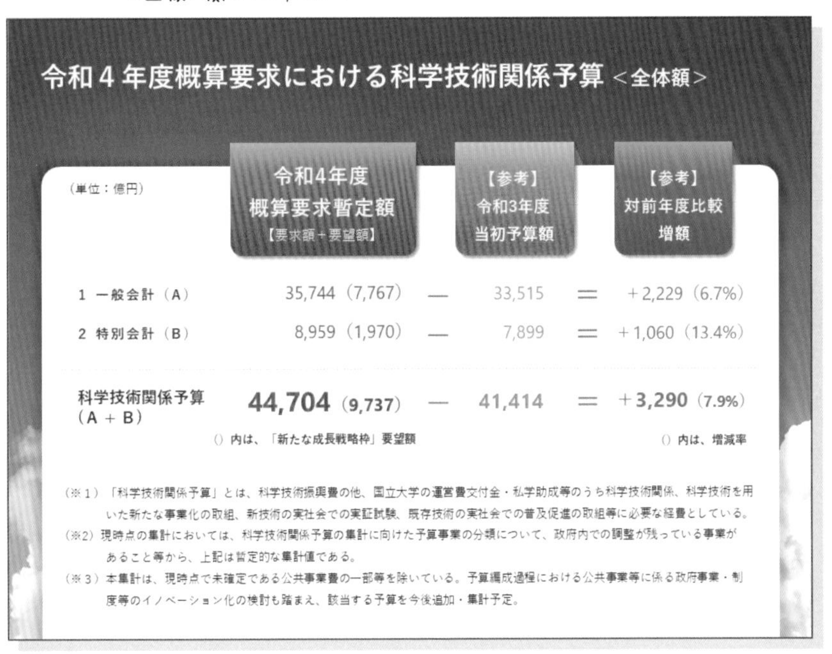

令和４年度概算要求における科学技術関係予算 <全体額>

（単位：億円）	令和4年度 概算要求暫定額 【要求額＋要望額】		【参考】 令和3年度 当初予算額		【参考】 対前年度比較 増額
1 一般会計（A）	35,744（7,767）	―	33,515	＝	＋2,229（6.7%）
2 特別会計（B）	8,959（1,970）	―	7,899	＝	＋1,060（13.4%）
科学技術関係予算（A＋B）	44,704（9,737）	―	41,414	＝	＋3,290（7.9%）

（）内は、「新たな成長戦略枠」要望額　　（）内は、増減率

（※1）「科学技術関係予算」とは、科学技術振興費の他、国立大学の運営費交付金・私学助成等のうち科学技術関係、科学技術を用いた新たな事業化の取組、新技術の実社会での実証試験、既存技術の実社会での普及促進の取組等に必要な経費としている。
（※2）現時点の集計においては、科学技術関係予算の集計に向けた予算事業の分類について、政府内での調整が残っている事業があること等から、上記は暫定的な集計値である。
（※3）本集計は、現時点で未確定である公共事業費の一部等を除いている。予算編成過程における公共事業等に係る政府事業・制度等のイノベーション化の検討も踏まえ、該当する予算を今後追加・集計予定。

なるべく枠線を減らし、色で項目ごとの数値とわかるように

飛び出した表現にすることで目を引く

memo

この案ではポップな印象にするために、飛び出す表現、背景に画像、カラフルな色を使用してみました。

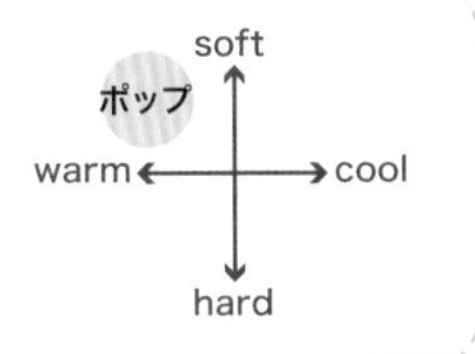

17 スケジュール表を活用したスライド 情報量：小

スケジュール表は線が多くなりがちです。背景の線に伝えたいスケジュールの流れが埋もれてしまわないための工夫が必要です。また、重要なところが一目でわかるように配色を考えましょう。

出典　経済産業省「第1回 安全機器の保安機能維持のための共通基盤技術の調査研究プロジェクト事後評価検討会」

5．調査研究マネジメント・体制・
資金・費用対効果等

5－1　調査研究計画

項目＼年度	平成 16 年度	平成 17 年度	平成 18 年度
(1) ガス消費機器の ガス消費パターン調査			
①集中監視事業者調査	←→		
②ガス消費量等データ 収集装置製作	←→	←→	
③ガス消費パターン調査		←→	←→
④ガス消費特性データ調査		←→	←→
(2) マイコンメータの保安機能の維持向上のための ロジックの見直し			
①解析ソフトの作成、解析		←→	←→
②保安機能ロジックの 見直し、検討		←→	←→

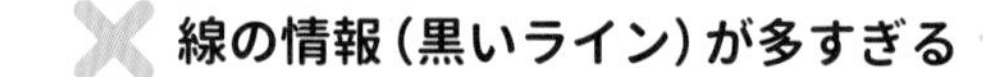

表頭（時系列など）、表測（項目など）、矢印部分などで明確に色を分けよう

背景となる線はできるだけ目立たないようにしよう

整理整頓 色の線を少なくする

スケジュール表を入れる際も、基本は表を入れるときと同じです。罫線が多すぎると、雑多な印象になります。黒い罫線だけでなく、白や薄いグレーなどの罫線を併用することで印象は変わります。①色の統一と強調（P20）

落ち着いた色味にし、色の違いで情報の種類を分ける

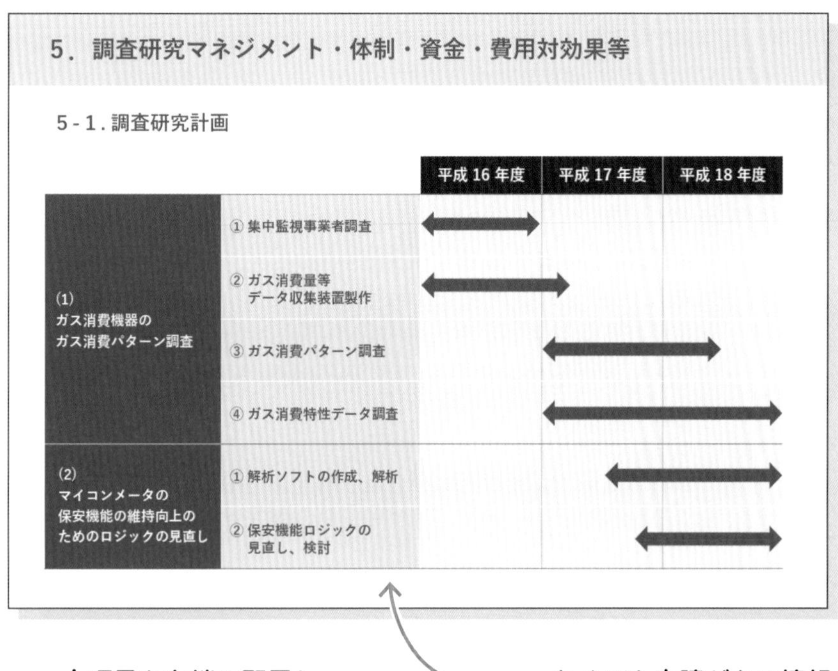

大項目を左端に配置し、色ベタで強調

なくても支障がない情報（項目・年度など）を削る

なるべく色のついた線をなくす

Memo

まずは罫線すべてを白にして、最小限明確に分けるべきラインに色を塗ります。

工夫をプラス 帯で見せる

薄い罫線で矢印を使うと、対象の期間の範囲がわかりにくくなってしまうこともあります。そういう場合は、対象の部分だけ他と違う色を使うと伝わりやすいです。

①色の統一と強調（P20）

矢印を帯にして対象区間をわかりやすく

5．調査研究マネジメント・体制・資金・費用対効果等

5-1．調査研究計画

	平成16年度	平成17年度	平成18年度
(1)ガス消費機器のガス消費パターン調査			
① 集中監視事業者調査			
② ガス消費量等データ収集装置製作			
③ ガス消費パターン調査			
④ ガス消費特性データ調査			
(2) マイコンメータの保安機能の 維持向上のためのロジックの見直し			
① 解析ソフトの作成、解析			
② 保安機能ロジックの見直し、検討			

余白を多めにとって、スッキリした印象に

memo

ベースとなるスケジュールを表組みで作成し、そこに図形を載せていく方法もよく使います。

対象となる期間がわかりやすい！

テイストをプラス 浮かび上がる表現に

前の資料で使ったニューモーフィズムの技法は浮き上がるものでしたが、今回は凹みをつけるものを使います。不要な部分に凹みを入れることで、必要な箇所が明確にわかります。⑩多色使いする（P25）⑭背景に色を敷く（P27）

クリアな色味でスマートな印象に

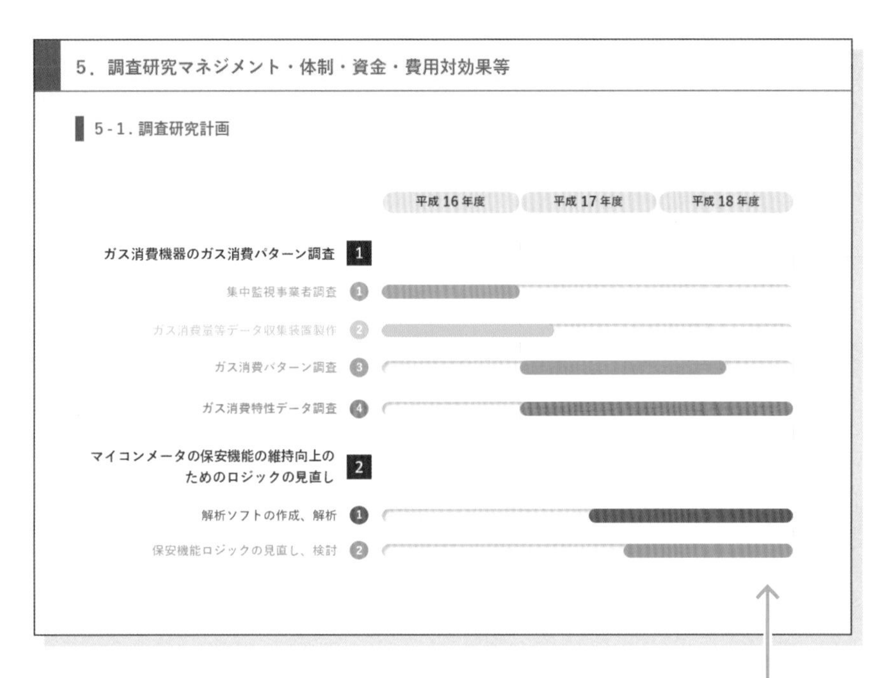

高さを抑え丸みをつけた帯でスマートな印象に

Memo

この案ではスマートな印象にするために、淡い寒色系の背景に凹みのあしらいを使用してみました。

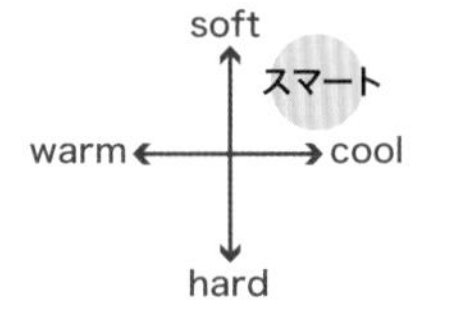

項目別に色をつけることで明るくクリアな印象に

18 スケジュール表を活用したスライド 情報量：多

複雑なスケジュールを文章や表で説明するのは伝わりづらいものです。そこで、スケジュール表を用いて説明するのが良いでしょう。しかし、項目が多いスケジュール表はスッキリと見せるのが難しいです。

出典 経済産業省資源エネルギー庁石油・天然ガス課
「メタンハイドレート研究開発の実施スケジュールについて」

Before

該当の場所に文字を置く

配色のルールがわからない

余白が少なく、ごちゃついて見える

文字のサイズを気にして置こう

配色のルールを決める

整理整頓 色と線を少なくする

色数を減らして、文字で内容を理解しやすいようなスライドにしました。該当の箇所に、テキストが収まるようにレイアウトすることで、どの矢印が何を指しているのかがわかりやすいです。①色の統一と強調（P20）

○ 落ち着いた色味にし、シンプルな色分けで情報の種類を見せる

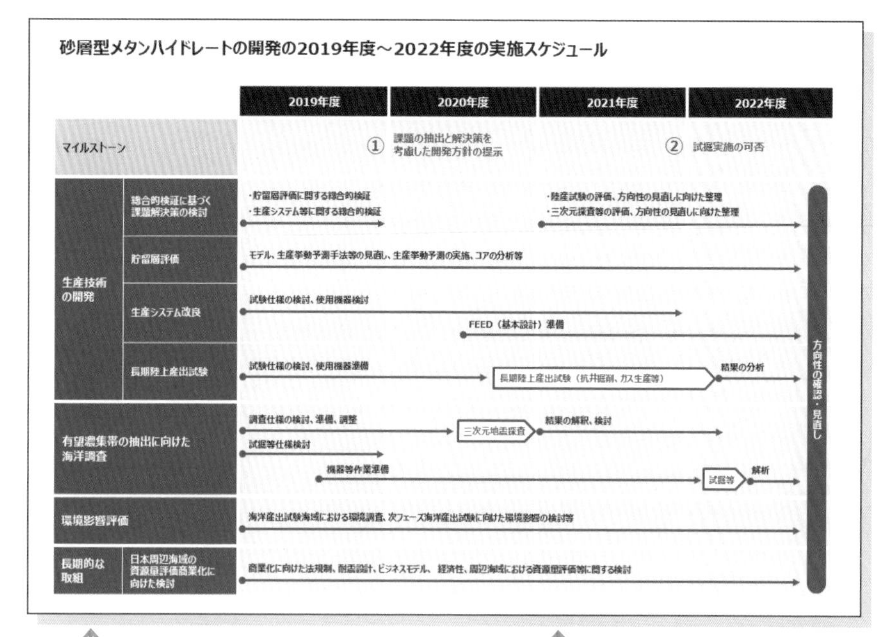

↑ ○ **影などの余計な装飾は取る**

↑ ○ **背景はなるべく色のついた線をなくす**

memo
矢印で期間を見せる場合、表の線と合わさって雑多になりやすいので気をつけましょう。

表の線はすべて白で目立ってないけど、ちゃんとわかる！

工夫をプラス 色で項目を分ける

多色使いするスケジュール表は、大きな項目ごとに色分けしてみましょう。使用する色はまとまるようにトーンを合わせます。同系色の薄い色を背景に敷くことで、行タイトルから離れた部分も見やすくなります。⑩多色使いする（P25）

色で大きな項目の違いを見せる

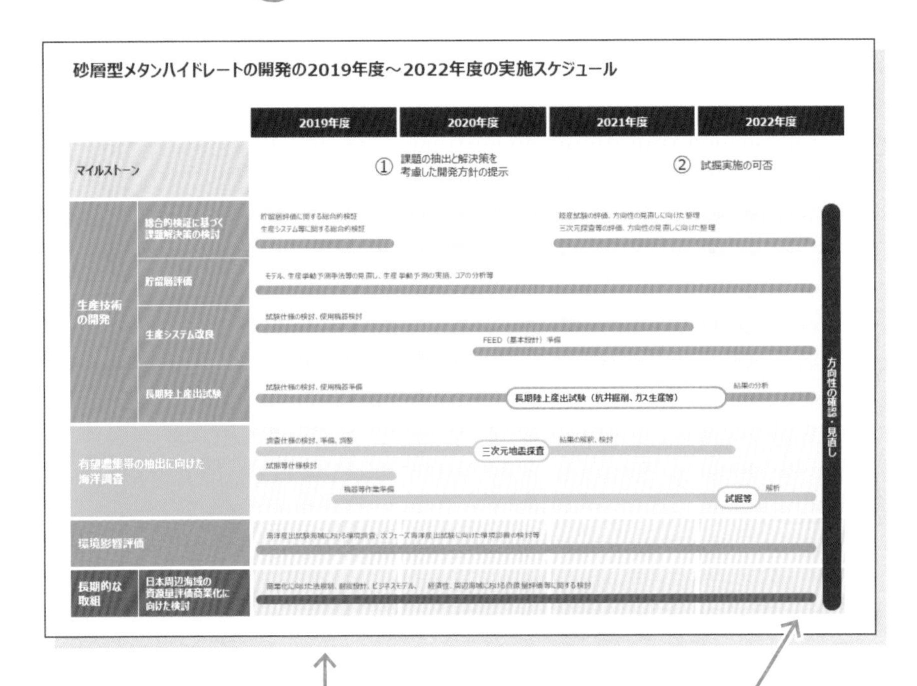

背景を項目色の同系色の薄い色に

矢印を丸みを帯びた帯に

memo

多色使いをするときは、色のトーン（明るさ・彩度）が似たものを選ぶようにしましょう。

色のエリアがしっかり分かれていて、わかりやすい！

テイストをプラス 全面を活用

デザインに角丸を使うことで、難しい資料にもやわらかなを印象を与えることができます。彩度の低いシックな雰囲気の資料も、暗い印象になりません。

⑭背景に色を敷く（P27）

渋い色を使用しシックな印象に

★色に関しては P156へ

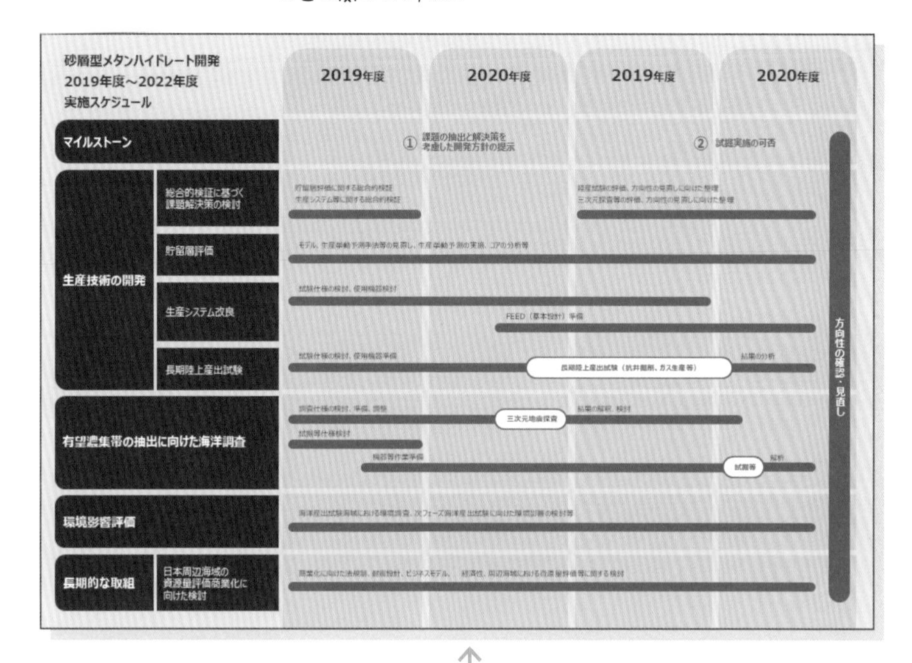

スライドの端まで図形を広げることで広がりのある印象に

この案ではシックな印象にするために、凹みの表現と彩度の低い渋めの色を使用してみました。

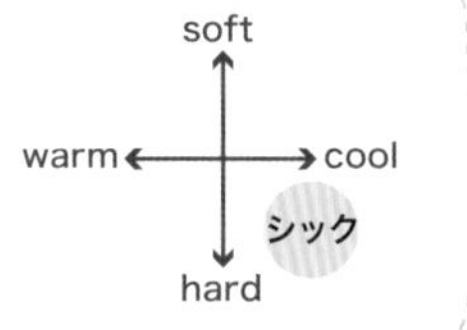

セルを大きく取ることで、タイトルを立てることができる

19 体制図がメインのスライド

体制図がメインのスライドは、要素が増えるとごちゃつきやすいです。縦横をしっかり整列させるなど関係性をわかりやすくする工夫が大切です。

出典　農林水産省「我が国の食生活の現状と食育の推進について」

図形の整列ができていない

I　食育の推進に関する枠組み・体制

2　食育の推進体制　**（2）政府の食育推進体制**

農林水産省

○食育推進会議等の運営及び食育関係府省庁の調整
- ・食育基本法に基づく食育推進基本計画の作成及び実施の推進
- ・食育の推進に関する重要事項についての審議及び食育の推進に関する施策の実施の推進

○食育白書の作成

○関係者の連携・協働体制の確立
- ・全国食育推進ネットワークの運営

○食育推進全国大会の実施
- ・食育活動表彰の実施
- ・パンフレットや啓発資料の作成・広報

政府全体の食育推進業務

農林水産省
食料自給率の向上や国産農産物の消費拡大など

文部科学省
学校教育活動を通じた望ましい食習慣の形成など

厚生労働省
地域保健活動等を通じた生活習慣病の予防など

食品安全委員会
食品の安全性など

消費者庁
食品ロスなど

等関係府省庁

個別の食育推進業務

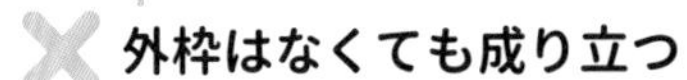

しっかりと整列させよう

上から下の流れがいいか、左から右の流れがいいかも検討しよう

整理整頓 しっかり揃える

波括弧で範囲を表していたところを、薄い背景を引いて囲みました。こうすることで、かかる範囲が明確になります。また、配色を同系色にすることで、1つの体制であることがわかります。①色の統一と強調（P20）

図形の縦横をしっかりと揃える

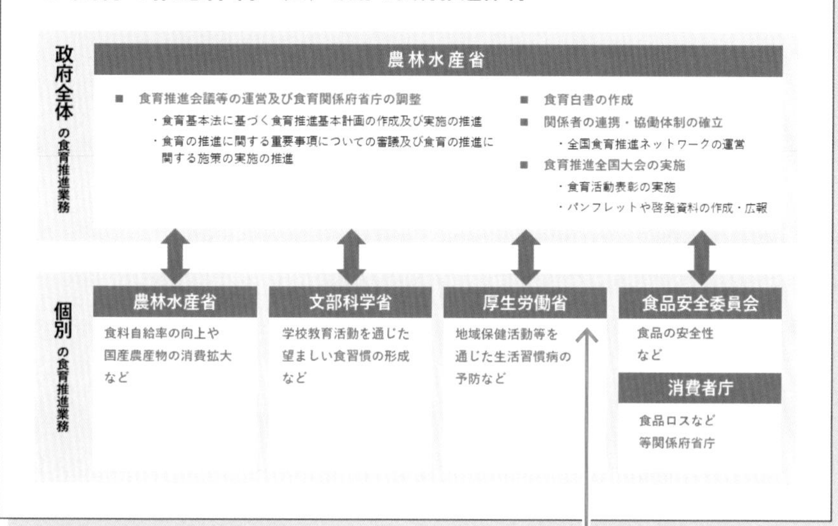

薄い色を背景に引いて範囲をわかりやすく

大項目となる部分は他と違う表現で目立たせる

Memo

この体制図は線を使用していません。線は意外と目立つので、なくしていく工夫をすると見やすくなります。

工夫をプラス 横にして線でつなぐ

全体の話と個別の話をわかりやすくするために、横の流れにしました。また、横に配置することで各項目の説明もわかりやすくなります。

⑫線でつなぐ（P26）

横の流れにすることで「政府全体」と「個別」の対比をわかりやすく

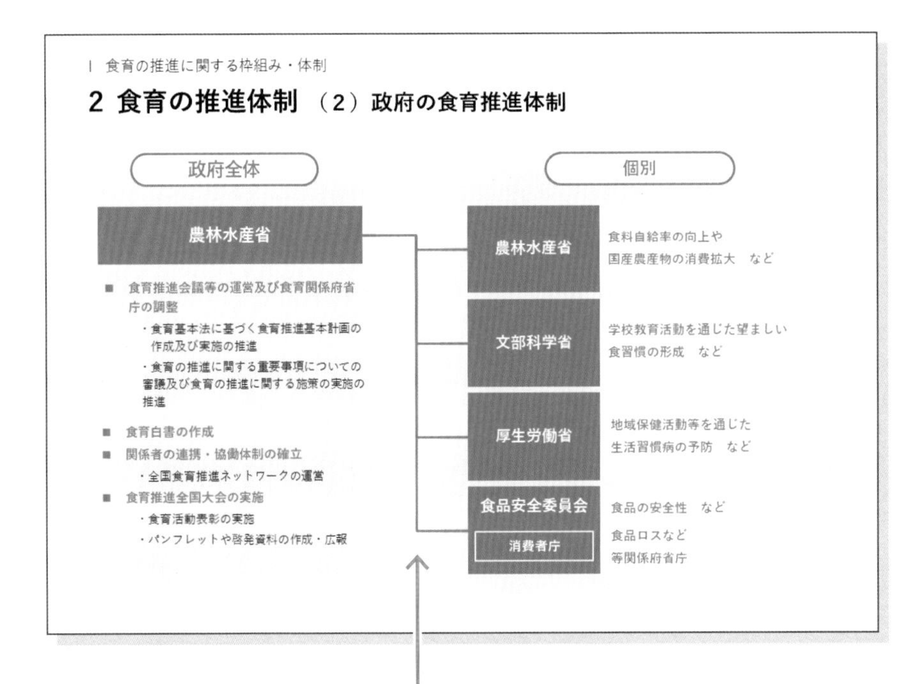

線でつなぐことで体制図であることをわかりやすく

図形同士を線でつなぐときは、コネクタ（P176）を使用すると便利です。

矢印の図形よりも細い線でつなげる方が関係性がわかりやすい！

テイストをプラス グラデーションを活用する

明朝系フォントと黒&ゴールドの配色は、高級感を出すデザインの定番です。高価格帯の商品説明資料などのデザインに使うと良いです。

⑭背景に色を敷く（P27）

明朝系のフォント、黒とくすんだ黄色で落ち着いた雰囲気に

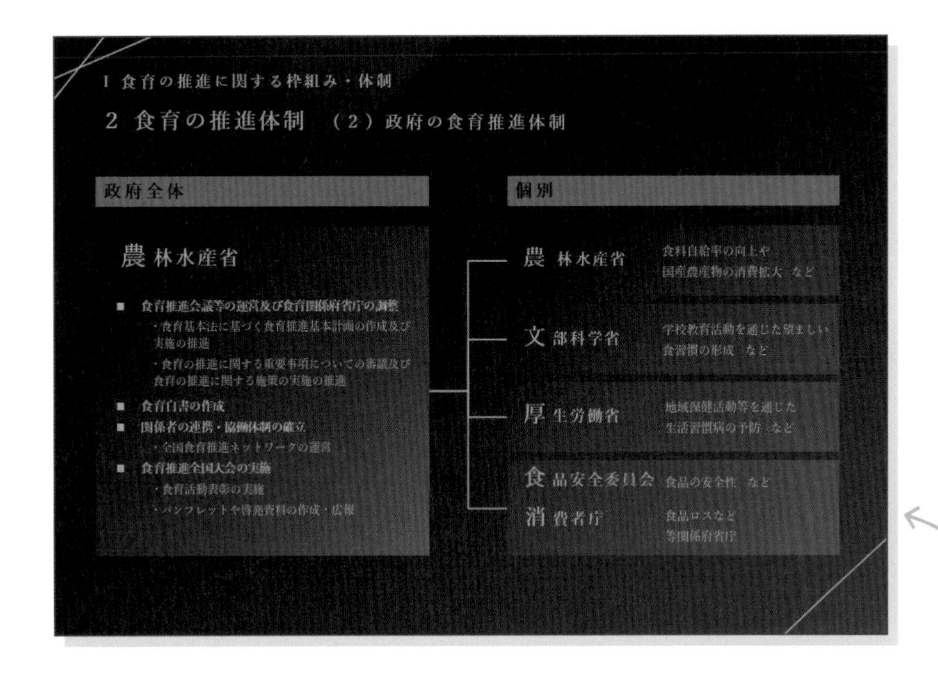

グラデーションをうまく活用することで重厚感がある雰囲気に

★グラデーションに関しては P160へ

この案では高級感を出すために、明朝体のフォントと重厚感のある色のグラデーションを使用してみました。

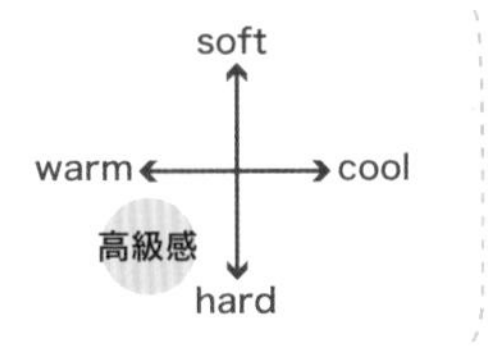

20 複雑な体制図がメインのスライド

複雑な体制図が入ったスライドは窮屈（きゅうくつ）に感じやすいので、余白を意識してレイアウトしましょう。図の大きさや図形の整列機能でキレイに並べるといいでしょう。

出典 経済産業省 産業技術環境局
「イノベーションを推進するための取り組みについて」を改変

1. 人工知能技術戦略会議について

- 第5回「未来投資に向けた官民対話」(平成28年4月12日)で、安倍総理から次の発言あり。
  「人工知能の研究開発目標と産業化のロードマップを、本年度中に策定します。そのため、産学官の叡智を集め、縦割りを排した『人工知能技術戦略会議』を創設します。」
- 総理指示を受け、「人工知能技術戦略会議」を設置。今年度から、本会議が司令塔となり、その下で総務省･文部科学省･経済産業省の人工知能技術の研究開発の３省連携を図っている。
- また、本会議の下に「研究連携会議」と「産業連携会議」を設置し、AI技術の研究開発と成果の社会実装を加速化。

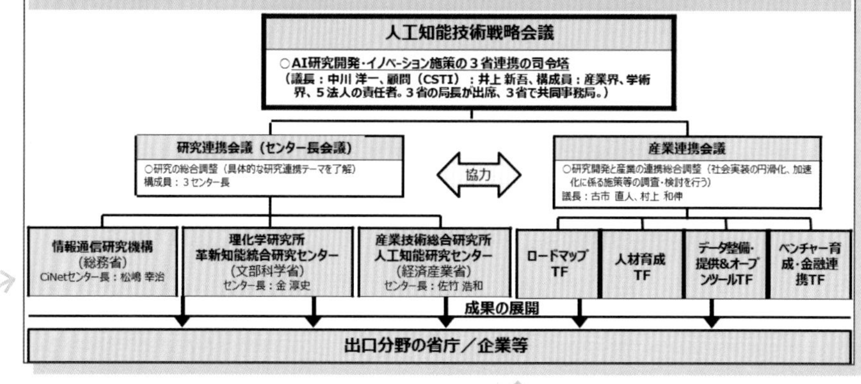

余白が少なく圧迫感を感じる

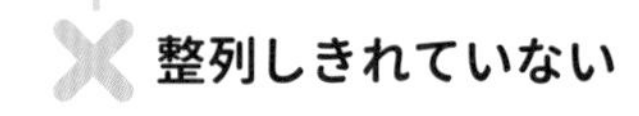

しっかりと整列させよう

上から下の流れか、左から右の流れが良いかも検討しよう

整理整頓 しっかり揃える

情報を整理してみましょう。上の文章は体制図を補う役割なので、少し小さくして余白をとりました。また、体制図をしっかりと整列させ、枠線の太さも統一することで一体感を高めました。①色の統一と強調（P20）

しっかりと余白をとる

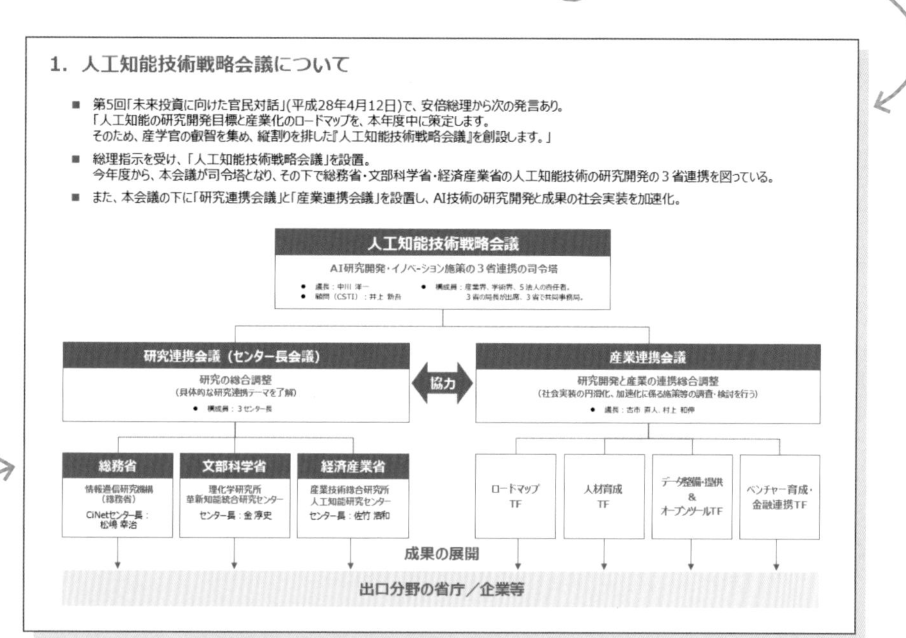

目立たせたい部分を色ベタ白抜きで強調

縦横をしっかり整列させる

memo

この図では強弱のつけ方は色ベタ白抜き文字、枠線に文字、薄い色ベタに濃い色の文字を設定して作成しています。

スッキリ整列、メリハリがついて見やすくなった！

工夫をプラス 上から下の流れを強調

上にあった補足する文章を内容に合わせて、体制図の各部分にレイアウトしてより伝わりやすいスライドにしました。

⑬図の中に文章を加える（P26）

文章が体制図と連動して見えるように

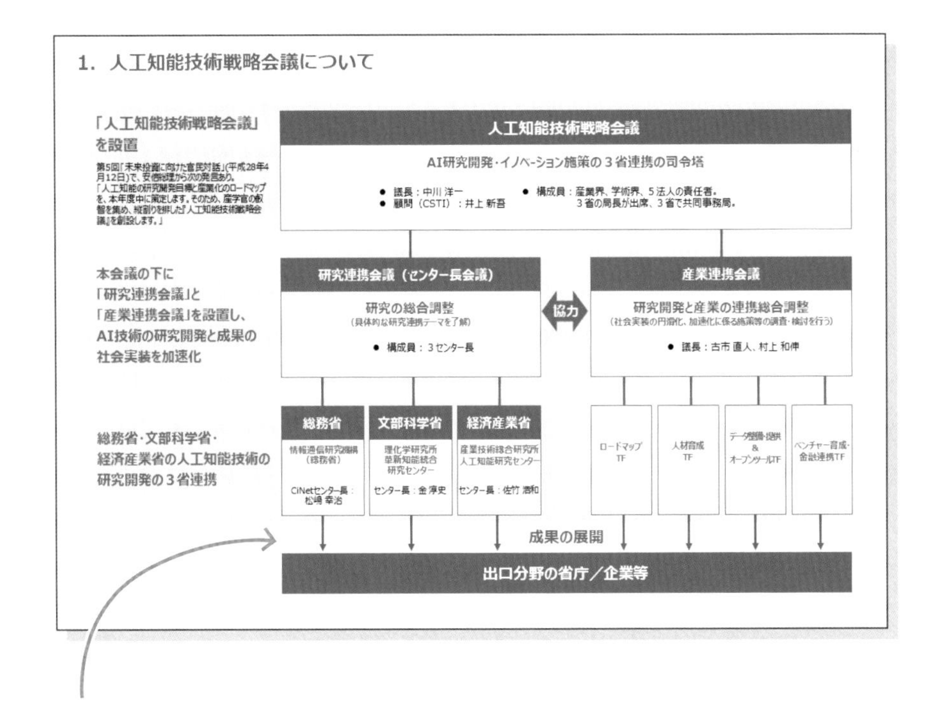

縦の線のみで上下をつなぐことで上から下の流れを強調

memo

エリアを示したいときは、四角い線で囲むよりも、薄い色ベタを敷いた方が伝わりやすくなります。

テイストをプラス 曲線でつなぐ

上から下にかけてグラデーションを薄くすることで、体制図の広がりを視覚的に表現しました。曲線で体制図をつなぐことで、広がりや収束を強調することができます。⑭背景に色を敷く（P27）

紺色のグラデで落ち着いた雰囲気に

曲線でつなぐことで、拡大と収束を強調

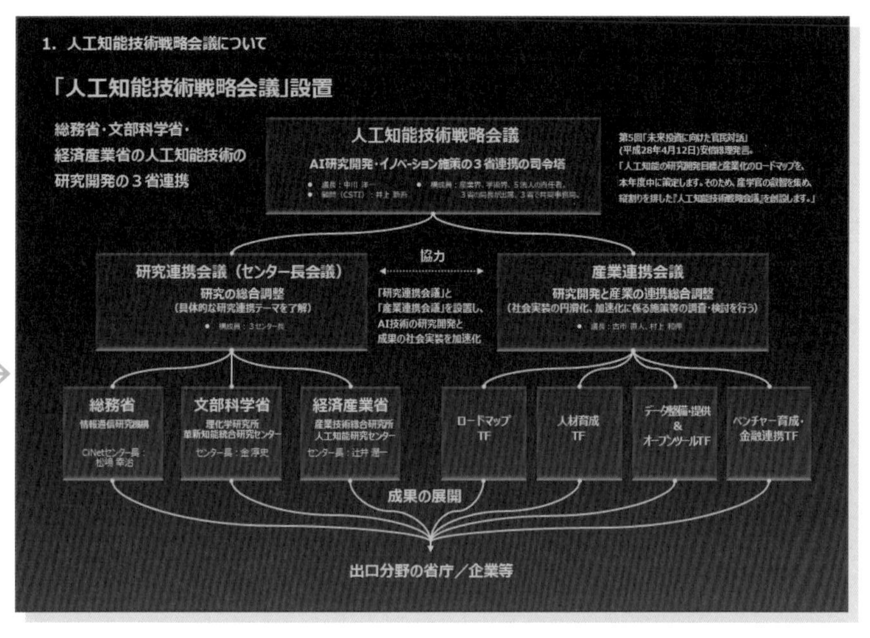

Memo

この案では、モダンな印象にするために、透明感を出した図形効果と蛍光色と感じられる色を使用してみました。

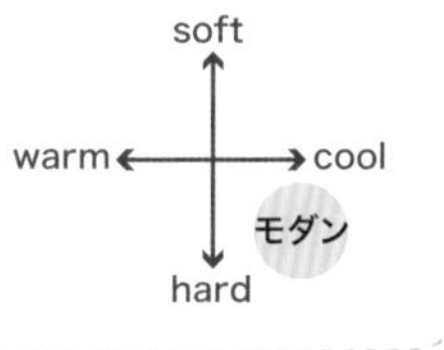

使用図形

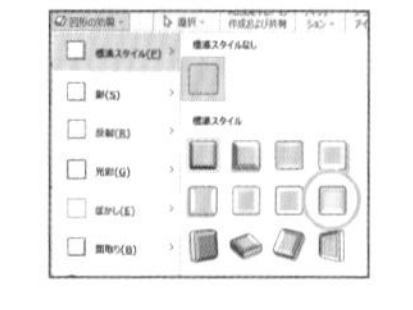

図形の効果を活用することで透明感のある見え方になります。
★図形の効果に関してはP166へ

21 グラフを活用したスライド 縦棒グラフ

グラフには様々な情報が入っています。伝えたい内容をどう強調するか工夫が必要です。特に棒グラフでは、総数や各項目の割合を比較する際に多く使われます。

出典 経済産業省製造産業局生活製品課住宅産業室
「経済産業省における住宅関連施策の動向」

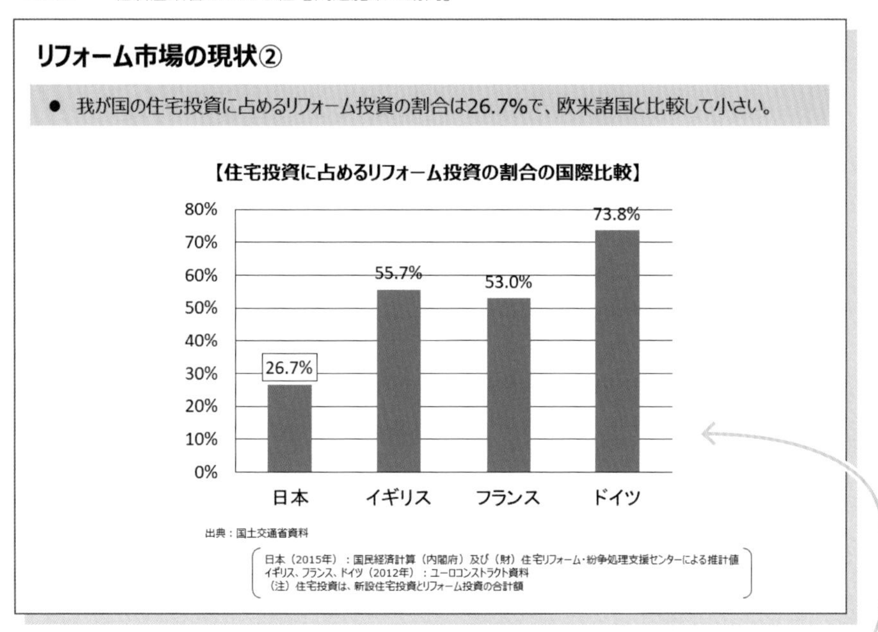

✕ 強調が弱く、何を伝えたいかわかりにくい

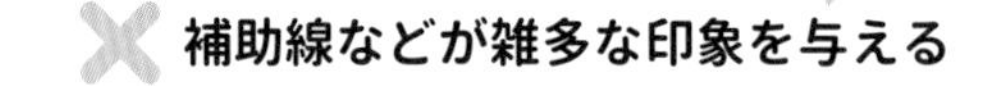

必要ない情報（補助線など）を思い切って削ろう

伝えたい箇所を色などで強調しよう

整理整頓 強調する

色数を絞って、赤色が使われている部分だけを見れば内容がわかるようにしました。数字だけを見やすくするために、グラフの補助線を外すのも一つの方法です。

①色の統一と強調（P20）

赤だけを見れば内容が伝わるように

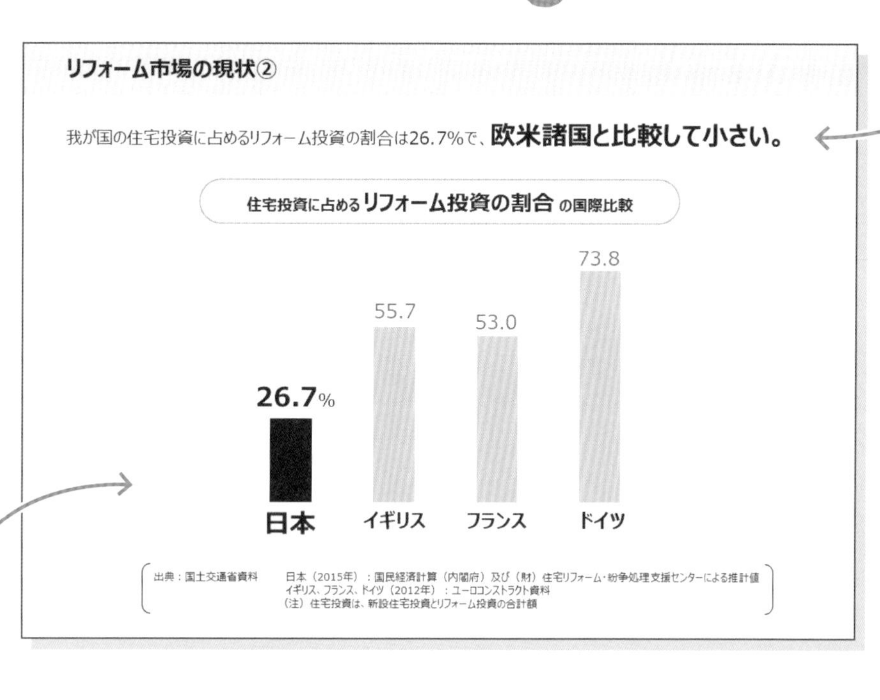

伝えたい部分に強調色を使用

なくても支障がない情報（補助線など）を取る

★グラフに関してはP182へ

memo

強調したい数値の部分だけ別のテキストボックスで作成した方が調整しやすい場合もあります。

工夫をプラス コメントを近くに

スライド上部に置かれていたコメント文を、グラフ内の伝えたい箇所近くに配置します。そうすることで、グラフのどの部分に対して何を言いたいのかが明確になります。⑬図の中に文章を加える（P26）

グラフの内容をタイトルとして抽出

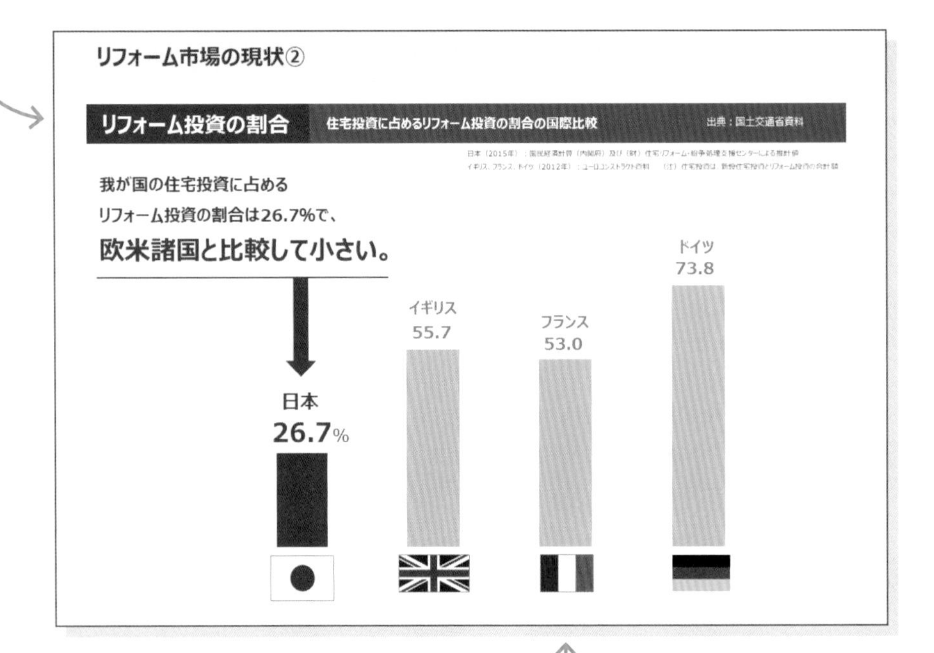

矢印でコメントとグラフをつなぐ

国旗を入れることで一目で伝わるように

memo

グラフの強調部分にコメントを添えると視線を移動させることなく一目で伝えることができます。

何を伝えたいのか一発でわかる！

テイストをプラス グラフをアイコンに

どんな話題のグラフなのかを一目でわかるように、アイコンの積み上げで棒グラフを作るとセンスの光る資料になります。

⑨アイコンを使用する（P24）

くすんだ色味でシックな雰囲気に

★色に関してはP156へ

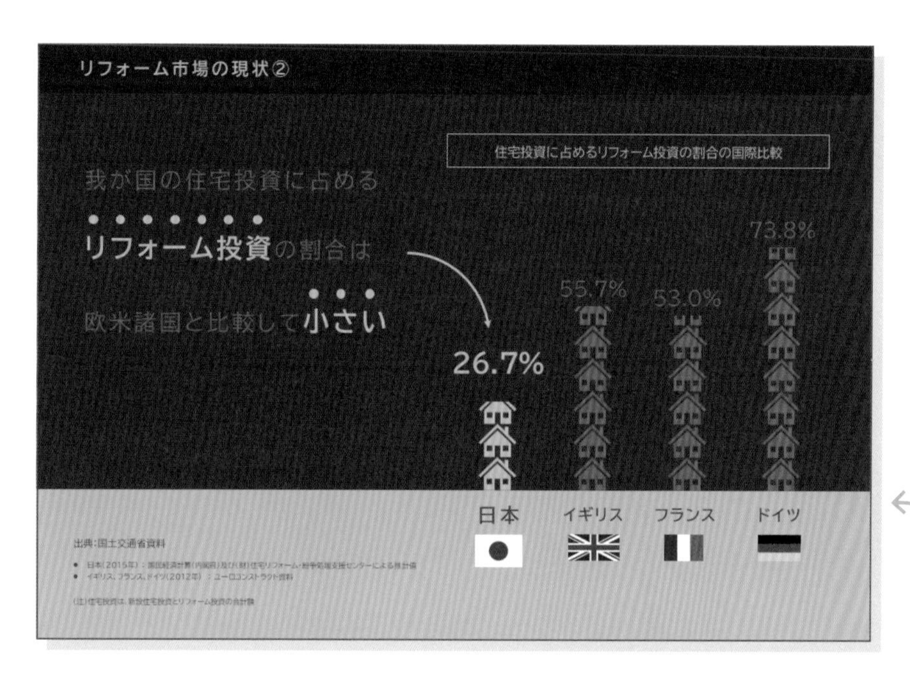

縦棒グラフ部分をアイコンにすることでリッチな印象に

★グラフ部分をアイコンにする方法はP183へ

memo

この案では高級感を出すために、どっしりとした印象を与えることができるくすんだ濃い色味を使用してみました。

22 グラフを活用したスライド 横棒グラフ

複数の項目が羅列されたグラフを1枚のスライドに収めると、文字も小さくなり窮屈（きゅうくつ）な印象になりがちです。伝えたいことを強調できる資料を目指して作りましょう。

出典　経済産業省製造産業局生活製品課住宅産業室「経済産業省における住宅関連施策の動向」

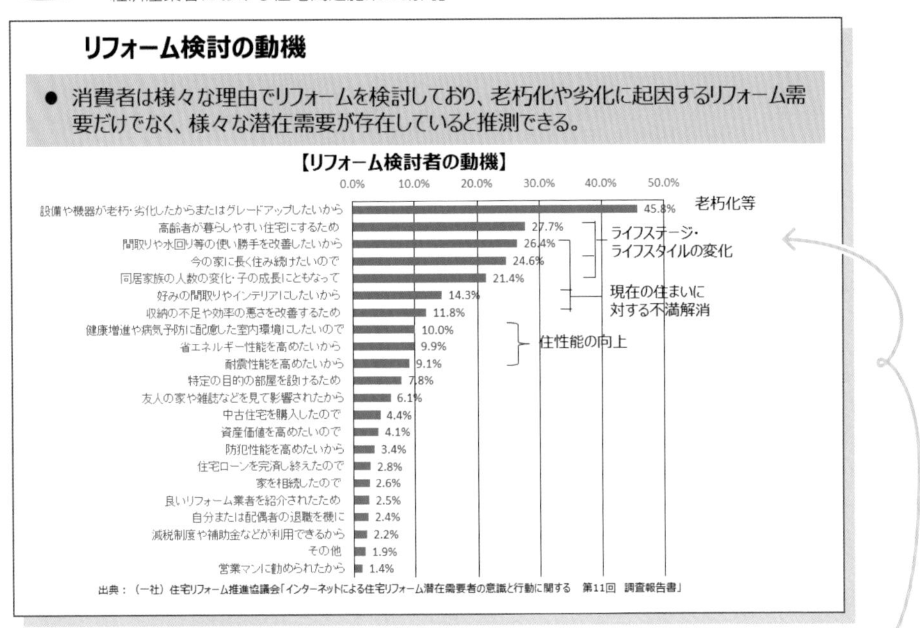

色がデフォルトのままであかぬけない

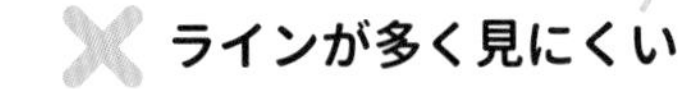

伝えたい箇所を色などで強調しよう

強調したい内容によっては多色使いもあり

必要ない情報（補助線など）を思い切って削ろう

整理整頓 **色数を増やす**

色数を絞るのが、見やすい資料のセオリーのようにお伝えしてきました。しかし、場合によってはあえて多色使いをすることで、資料が伝えたいことを強調できる場合もあります。⑩多色使いする（P25）

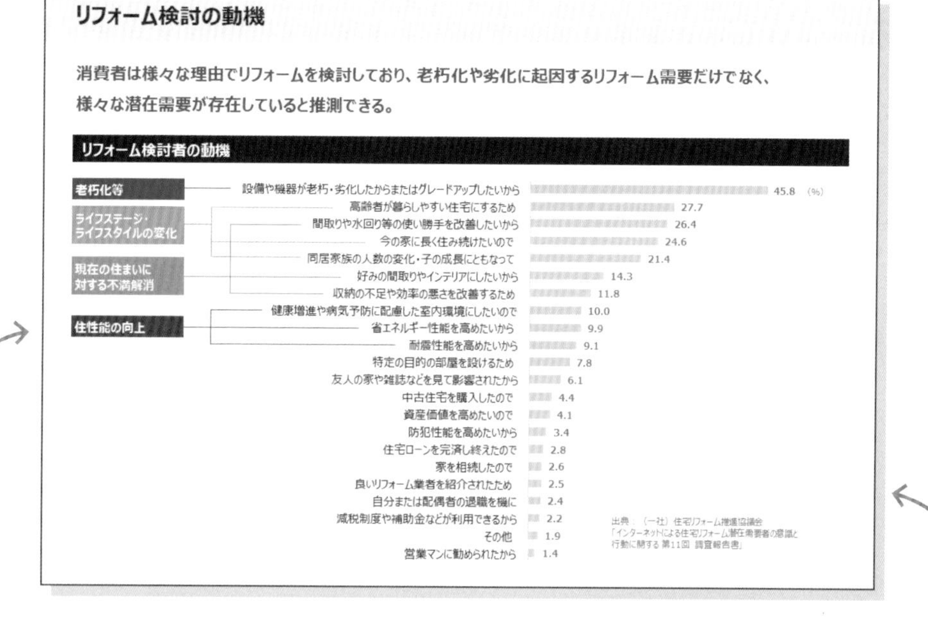

「様々な需要」を強調するためにあえて多色使いをする

無くても支障がない情報（補助線など）を削る

位置を揃えて見やすく

memo

多色は次ページ以降に各色の詳細内容を伝える構成のときに、それぞれのベースカラーとして使用するとわかりやすい資料になります。

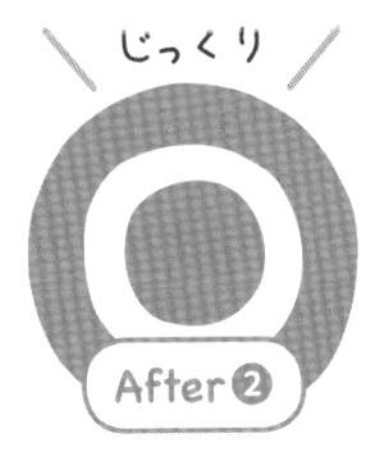

工夫をプラス グラフ自体に色をつける

このグラフのテーマはリフォーム検討の多様性です。大きく４つの項目に分かれるので、それぞれを色づけしてみましょう。色がたくさんあることで、多様な理由でリフォームが検討されていることが直感的にわかります。⑩多色使いする（P25）

グラフの文字と、棒自体に色をつける

★グラフの文字や棒への色のつけ方はP182へ

リフォーム検討の動機

消費者は様々な理由でリフォームを検討しており、老朽化や劣化に起因するリフォーム需要だけでなく、様々な潜在需要が存在していると推測できる。

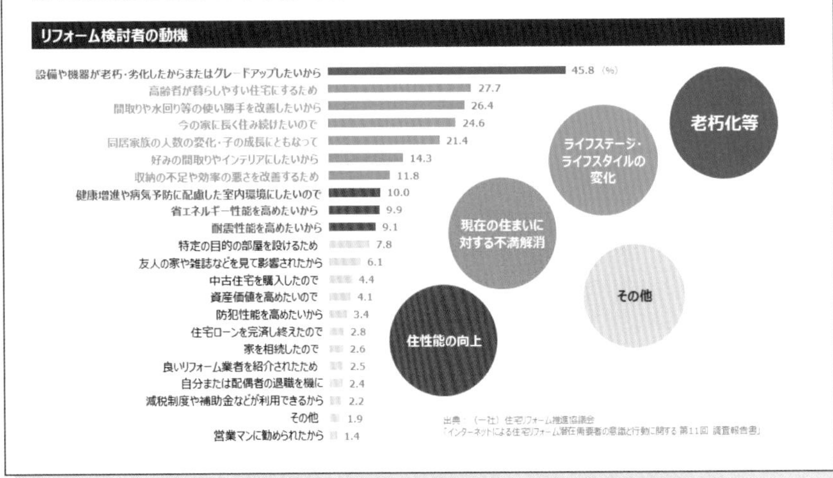

色でグラフとの連動を担保し、大きく配置することで強調する

memo

グラフの項目の文章はそれぞれ色を変えることはできないので、別で白ベタのテキストボックスを作成し、上にかぶせています。

テイストをプラス 表と組み合わせる

全体に色を使うことで、ポップな印象になります。背景に色があるので、袋文字と白文字を使うことで読みやすくします。多色使いをする際は、色のトーンを合わせて使うことがバラバラした印象にならないコツです。⑭背景に色を敷く（P27）

表と組み合わせることでランキング風に見せる

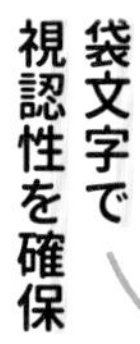

重要でない項目は
薄いグレー文字に

memo

この案ではポップな印象にするために、ポップ背景にパターン模様を入れてみました。

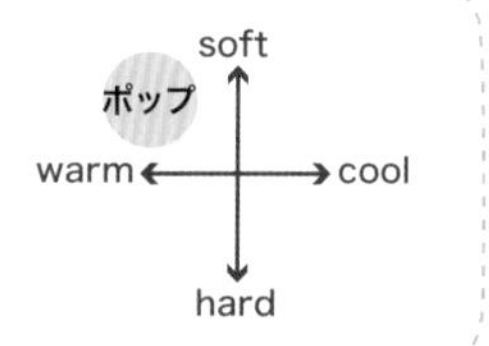

23 グラフを活用したスライド 円グラフ

円グラフは、色の付いた部分の形がいびつになりやすく、項目を引き出し線で入れると雑多な印象になってしまいます。資料の内容が一目でわかる工夫をしましょう。

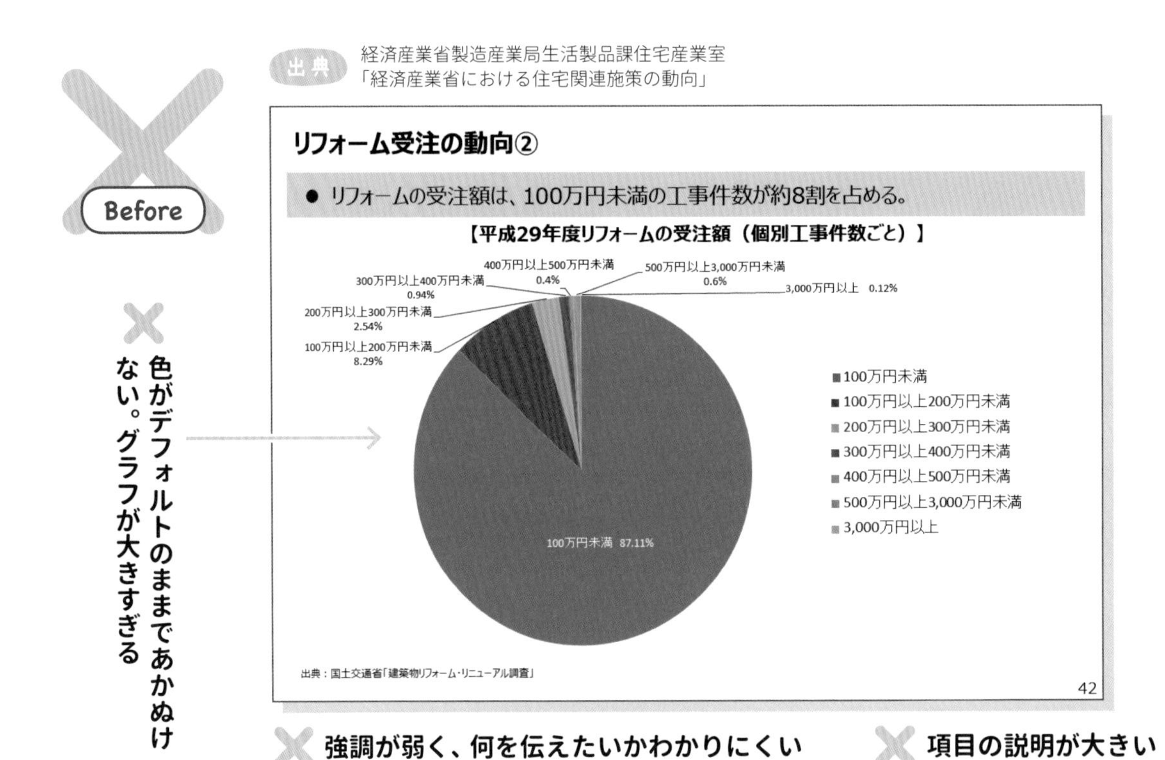

ポイント

- 必要ない情報（補助線など）を思い切って削ったりまとめたりしよう
- 伝えたい箇所を色などで強調しよう

色数を絞る

文章もグラフも、青い部分だけを見ればスライドの内容がわかるようにしました。青を目立たせるために、その他の部分はグレーを使うと良いです。

①色の統一と強調（P20）

◯ 青だけを見れば内容が伝わるように

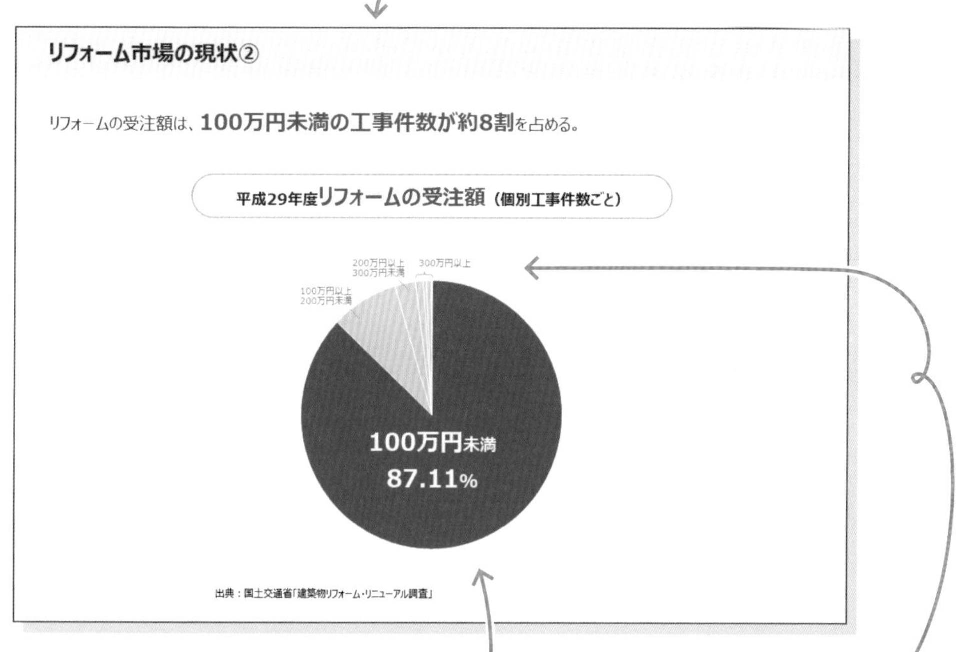

◯ グラフの大きさを調整し、余白をとることでスッキリ見せる

◯ なくても支障がない情報（補助線など）をまとめる

◯ 伝えたい部分に強調色を使用

Memo

凡例はグラフの中に入れてしまった方が視線の移動が少なくて見やすくなります。

工夫をプラス コメントを近くに

グラフで伝えたいことを補足するように引き出し線でコメントを入れました。札束のアイコンを添えることで、直感的に金額の大小がわかるようにしました。

①色の統一と強調（P20）⑬ 図の中に文章を加える（P26）

グラフの内容をタイトルとして抽出

リフォーム市場の現状②

リフォームの受注額 平成29年度リフォームの受注額（個別工事件数ごと） 出典：国土交通省「建築物リフォーム・リニューアル調査」

300万円以上

200万円以上
300万円未満

100万円以上
200万円未満

100万円未満
87.11%

リフォームの受注額は、
100万円未満の
工事件数が約8割
を占める。

アイコンを入れることで一目で伝わるように

★札束の作り方はP132へ

コメントとグラフをつなぐ

memo

円グラフでは色をたくさん使いがちですが、思い切って強調色と無彩色の2色にした方が伝わりやすくなります。

テイストをプラス グラフを画像に

強調する項目が１つの円グラフであれば、その項目の値に合わせてイメージの合う画像を使うとデザイン性が一気にアップします。

⑧画像を使用する（P24）⑭背景に色を敷く（P27）

くすんだ色味でシックな雰囲気に

★色に関してはP156へ

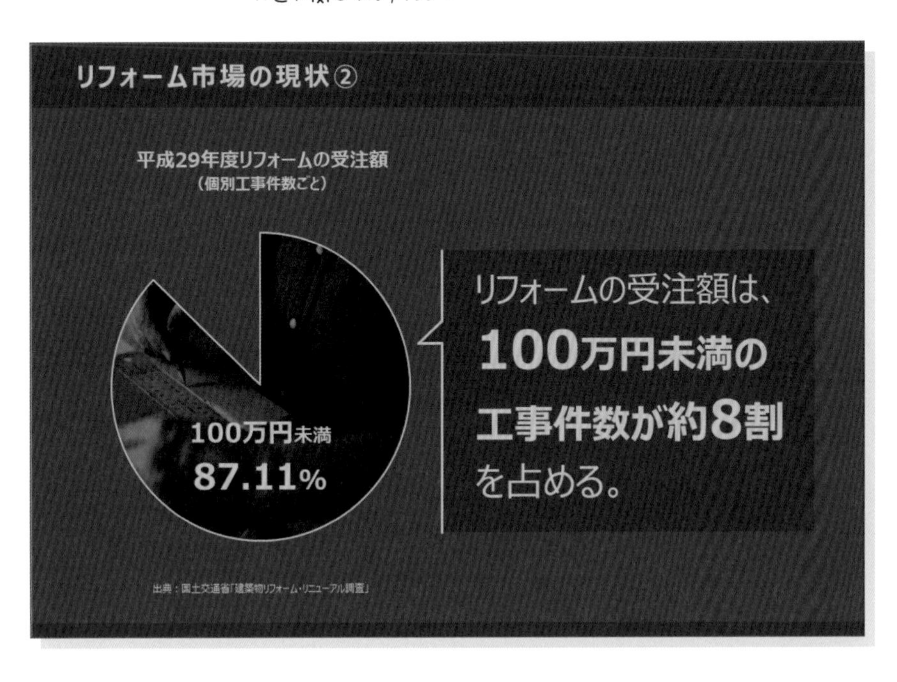

memo

この案ではフォーマルな印象にするために、彩度が低い寒色系のくすんだ色を使用してみました。

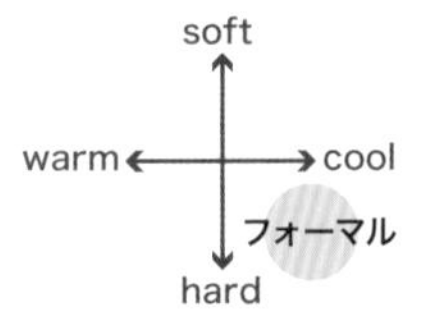

円グラフ部分を画像にすることでリッチな印象に

★画像を円グラフの形に切り抜く方法はP168へ

24 グラフを活用したスライド 複数グラフ

複数のグラフを１つのスライドに入れることは、要素が多くなるので避けたいです。しかし、実際ビジネスの現場でスライド作りをしていると、どうしても入れたい場面が出てきます。そのときは、ごちゃつきを抑えスッキリと見えるようにしましょう。

出典　経済産業省「令和3年度（2021年度）経済産業関係 税制改正について」

（参考）事前の防災・減災対策の必要性

- **地域経済及びサプライチェーンにおける小規模事業者を含めた中小企業の役割は重要**。災害発生時の企業活動・国民生活への影響を最小限にするためにも、**中小・小規模事業者による事前の防災・減災に関する取組を一層進めることが不可欠**。
- また、昨今の新型コロナウイルス感染症の影響の中、**自然災害との複合災害の脅威が懸念されており、中小企業の事業継続力の強化は喫緊の課題**。

【被災による営業停止期間別に見た、被災３ヶ月後における被災前と比較した取引先数の推移】

半年超（n=54）　64.8　3.7
半年以内（n=41）　53.7　4.9
3か月以内（n=91）　31.9　6.6
1か月以内（n=254）　31.1　6.3
1週間以内（n=656）　18.1　8.5
営業停止なし（n=1,069）　13.7　7.4
(%)
0.0　20.0　40.0　60.0　80.0　100.0
■減少　■横ばい　■増加　出典：中小企業の災害対応に関する調査（2018年）

【新型コロナウイルスによる今後の懸念（中小企業）】

項目	%
感染拡大	74.3
中国の消費減速、経済の低迷	36.7
東京オリンピック・パラリンピックの中止	36.4
サプライチェーンへの影響	35.7
入出国手続きの煩雑化	10.9
不安は特にない	2.3

0　10　20　30　40　50　60　70　80（%）
出典：（株）東京商工リサーチ「第2回新型コロナウイルスに関するアンケート調査」

【昨今の災害により中小企業が被災し、地域経済やサプライチェーンに影響が出た例】

【自動車メーカー】
- 部品サプライヤーである下請中小企業が被災し、本社の生産能力にも影響を与えた。
- 発災後、本社工場の生産が停止。その約一週間後、操業は再開したものの昼勤のみの生産で生産能力は大幅に低下。被災前の通常操業を開始するまで二か月超を要した。
- 生産台数は当初予想から車両が4.4万台、海外生産部品が2.3万台減少し、被害額（概算）は280億円（報道ベース）にも上った。

【小売業】
- 地域において唯一の小売商店であったが、豪雨災害により廃業。近隣住民の買い物に一定程度影響が発生。
- その地域のコミュニティを支えるという重要な機能を有していた。
- 他地域においても商店機能が一つしかないという例も多数存在する。

✕ 強調が弱く、何を伝えたいかわかりにくい

✕ グラフがデフォルトで味気ない

要素が多く、情報の区分けができていない

グラフのトンマナを合わせよう

伝えたい箇所を色などで強調しよう

必要に応じて見出しコメントを追加しよう

整理整頓 色数を絞る

強調が、太字や線など複数の方法に分かれていたので、要素を整理するために赤字の太字で統一しました。３色に分かれていた横棒グラフも、注目すべき場所は減少の項目なので、その部分を赤で強調しました。①色の統一と強調（P20）

赤だけを見れば内容が伝わるように

（参考）事前の防災・減災対策の必要性

- 地域経済及びサプライチェーンにおける小規模事業者を含めた中小企業の役割は重要。災害発生時の企業活動・国民生活への影響を最小限にするためにも、**中小・小規模事業者による事前の防災・減災に関する取組を一層進めることが不可欠。**
- また、昨今の新型コロナウイルス感染症の影響の中、
自然災害との複合災害の脅威が懸念されており、中小企業の事業継続力の強化は喫緊の課題。

被災による営業停止期間別に見た被災３ヶ月後における被災前と比較した取引先数の推移

	取引先減少	横ばい	増加	
半年超	64.8 %	31.5	3.7	n=54
半年以内	53.7	41.5	4.9	n=41
3ヶ月以内	31.9	61.5	6.6	n=91
1ヶ月以内	31.1	62.6	6.3	n=254
1週間以内	18.1	73.3	8.5	n=656
営業停止なし	13.7	79.0	7.4	n=1,069

出典：中小企業の災害対応に関する調査（2018年）

新型コロナウイルスによる今後の懸念（中小企業）

感染拡大	74.3 %
中国の消費減速、経済の低迷	36.7
東京オリンピック・パラリンピックの中止	36.4
サプライチェーンへの影響	35.7
入出国手続きの煩雑化	10.9
不安は特にない	2.3

出典：（株）東京商工リサーチ「第２回新型コロナウイルスに関するアンケート調査」

事例

昨今の災害により中小企業が被災し、
地域経済や サプライチェーンに影響が出た例

【自動車メーカー】
- 部品サプライヤーである下請中小企業が被災し、本社の生産能力 にも影響を与えた。
- 発災後、本社工場の生産が停止。その約一週間後、操業は再開し たものの昼勤のみの生産で生産能力は大幅に低下。被災前の通常 操業を開始するまで二か月超を要した。
- 生産台数は当初予想から車両が4.4万台、海外生産部品が2.3万 台減少し、被害額（概算）は280億円（報道ベース）にも上った。

【小売業】
- 地域において唯一の小売商店であったが、豪雨災害により廃業。近隣住民の買い物に一定程度影響が発生。
- その地域のコミュニティを支えるという重要な機能を有していた。
- 他地域においても商店機能が一つしかないという例も多数存在する。

ベタ白抜き文字の帯で大きく３つの情報があることを示す

グラフのトンマナをスライド全体で合わせる

★グラフに関してはP182へ

Memo

要素が多い場合はとにかく強調色とそれ以外の２色にし、強調部分をだけを目立たせるようにします。

工夫をプラス 見出しコメントを追加

時系列がわかりやすく、レイアウトしやすい縦棒グラフに変更しました。リード文以外の部分は3分割し、2つ目のグラフも縦棒グラフにします。

⑬図の中に文章を加える（P26）

文字の大きさにさらに強弱をつけて、何を伝えたいかが一目でわかるように

作り方動画
Check!

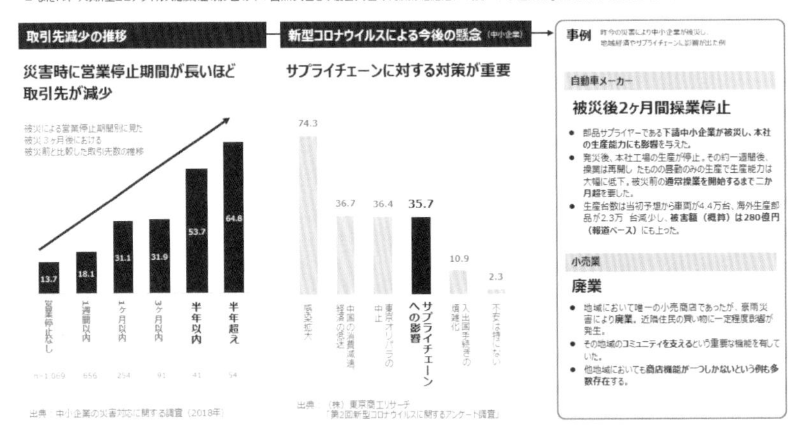

グラフで言いたいことをコメントとして追加して、見る人がグラフを見て自分で考えなくていいように

時系列がわかりやすいようにレイアウトを縦にし、伝えたい部分のみ抽出

グラフの種類を変える場合は、グラフを右クリックして「グラフの種類の変更」から指定します。

隣のグラフと合わせて縦棒グラフに

テイストをプラス エリアで分ける

角がかけた図形を使うことで、タグやポストイットに見えるあしらいになりデザイン性が上がります。伝えたいメッセージ部分と詳細なデータ部分を明確に分けました。⑭背景に色を敷く（P27）

くすんだ色味でシックな雰囲気に

伝えたい内容部分と、データ部分をしっかりと分ける

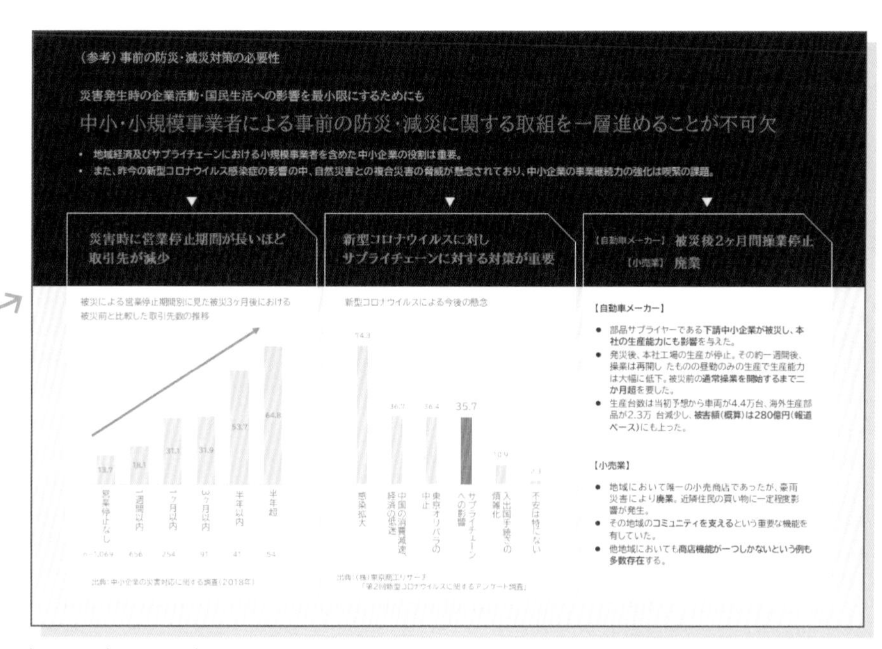

フォント｜BIZ UDP明朝 Medium　BIZ UDPゴシック

角が欠けた図形を使用することでタグのようなあしらいに

Memo

この案では高級感を出すために、明朝体のフォントとくすんだ色味を使用してみました。

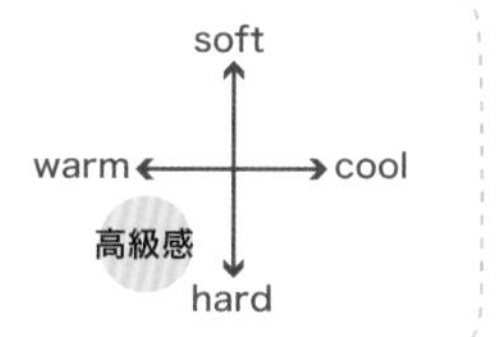

使用図形

角が欠けた四角形はタグのような印象を与えることができます。

25 人物紹介を活用したスライド

紹介人物が多いスライドはごちゃついて見えてしまいますので、明確に情報を分けて見せるための工夫が必要です。

出典 経済産業省「第6回 産業構造審議会 2020未来開拓部会 3つのワークショップ」を改変

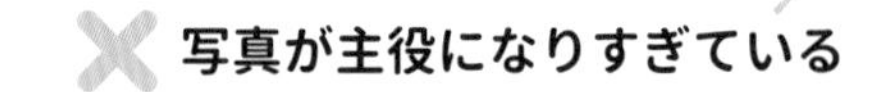

情報をしっかり分けよう　写真のトリミングをしよう

整理整頓 表組みにする

見出しを横に合わせ、表組みでしっかりと分けてあげることで、情報を見やすくします。名前を大きくして情報にメリハリをつけました。

②見出しの強調（P21）　⑥ 表組みにする（P23）

表組みにすることでしっかりと情報を分ける

写真をトリミングし、名前などの情報エリアを確保

画像のトリミングは「図形に合わせてトリミング」や「縦横比」（P180）を利用すると便利です。

きっちりと情報が分かれて見やすくなった！

工夫をプラス 背景色で分ける

見出しを色ベタ白ヌキ文字にし、個人の紹介部分に薄いベタを引いて、間隔で仕切ることで罫線をなくしスッキリします。

②見出しの強調（P21）

ベタ塗りの見出し、薄い背景色でエリアを分けて見せる

写真をトリミングし、名前などの情報エリアを確保

★トリミングに関してはP180へ

memo

複数の四角いボックスをキッチリ収めるときは、同じ形のボックスを必要な数準備し、等間隔に整列させた後、グループ化をして横幅を調整するようにするとスムーズです。

おしゃれに

After ❸

テイストをプラス 図形モチーフで見せる

写真を図形に合わせてトリミングして、モチーフになるように並べてみましょう。斜めの線に合うように、配列を斜めに置くことでスマートな印象をつけられます。

⑭背景に色を敷く(P27)

寒色系の色を敷くことでスマートな印象に

作り方動画 Check!

斜めの線を活用することでスマートさを演出

写真のトリミングであしらいを施す

★トリミングに関してはP180へ

memo

この案ではスマートな印象にするために、画像を六角形にトリミングし、斜めのラインを活用してみました。

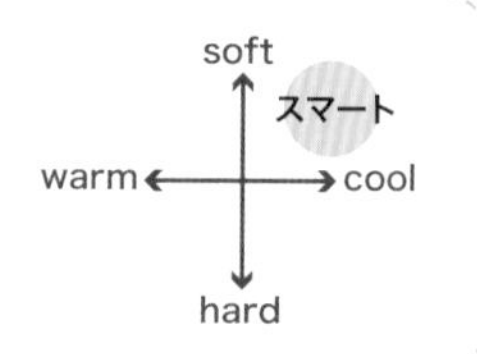

memo

斜めに配置するときは、一番上と一番下のオブジェクトの位置を決めて、間のオブジェクトをすべて選択して等間隔に整列を使用します。

26 地図を活用したスライド 放射

地図に内容を配置するようなスライドは、配置した場所が一目でわかるような工夫が必要です。

出典 経済産業省「第6回 産業構造審議会 2020未来開拓部会 11Projects」を改変

メリハリが弱く、情報が整理されていない

日本地図自体が目立っている

- 地図自体が目立たないようにしよう
- プロットに仕方で目立つ工夫をしよう
- 異なる情報がある場合は、その違いも明確にしよう

マークで分けていたものを色で分けることで、よりわかりやすくなります。地図に傾きをつけることで、余白を多くしました。

②見出しの強調（P21）

情報の違いを色ベタで明確に

作り方動画 Check!

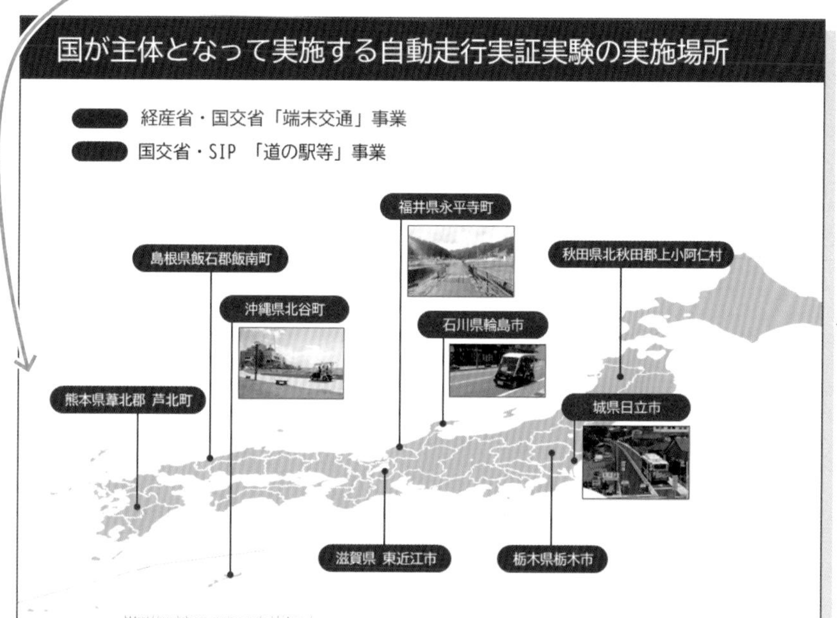

フォント BIZ UDゴシック

日本地図の画像等の素材はフリーのサイトから

日本地図のトーンは落とし、引き出された項目が目立つように

日本地図を「図形の効果」の「3D回転」で傾きをつける

memo

地図は無理に大きくする必要はありません。小さくても十分に伝わります。

工夫をプラス 情報で分ける

該当の都道府県にだけ色をつけます。事業内容で大きく情報が分けられているので、その違いがわかりやすいように左右に分けるようにレイアウトしました。

④図の位置を変更（P22）

◎ 対象となる都道府県にだけ色をつける

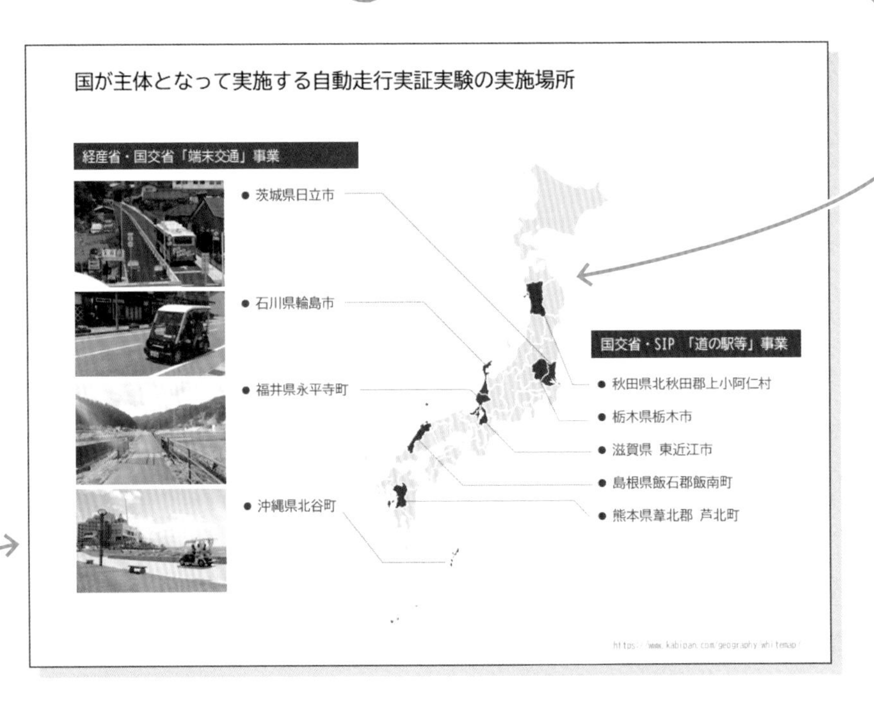

◎ 情報の違いをレイアウトで分ける

◎ 日本地図の画像等の素材はフリーのサイトから

memo

引き出し線は、図形のフリーフォームを使用すると便利です。

テイストをプラス ポップに

カジュアルな雰囲気に合うようにデフォルメされた地図を使いました。ピンの色分けの内容がわかるように、タイトルの横に説明を入れましょう。資料をイメージした車のあしらいも入れました。⑨アイコンを使用する(P24) ⑭背景に色を敷く(P27)

カラフルな色合いと、濃いグレーの枠を活用することでポップな印象に

★色に関してはP156へ

デフォルメされた日本地図を活用することでポップな印象に

memo

この案ではポップな印象にするために、デフォルメされた日本地図と、明るめの色を黒い太めの線で囲うようにしてみました。

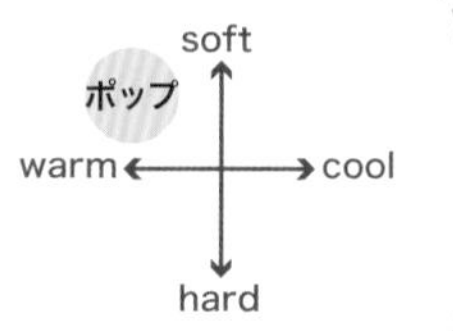

位置を表すアイコンを活用

★アイコンに関してはP132へ
※このアイコンを「図形に変換」して活用

COLUMN

札束を作る（3-D 書式＋3-D 回転）

1. 四角の図形と「￥」を入力した丸の図形を用意

2. 「3-D回転」を反映

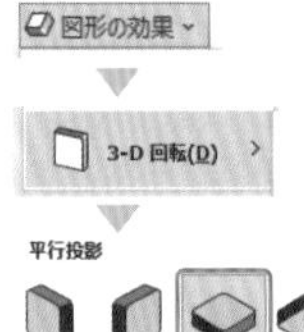

3. 「3-D書式」で奥行きを設定

4. 色を調整し「￥」の図形と合わせて完成！

アイコンを図形に変える

1. 「挿入」➡「アイコン」からアイコンを選ぶ。アイコンを選択し、右クリックで「図形に変換」を選択

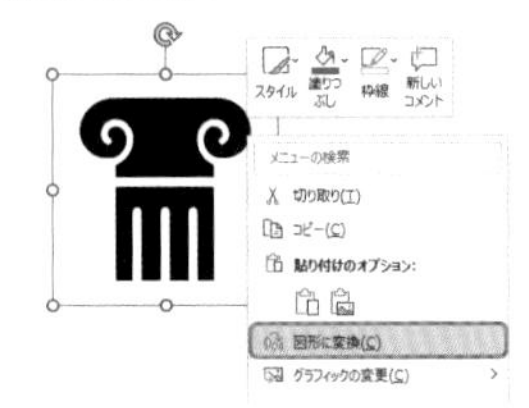

2. 複数の図で構成されているアイコンは分割されて編集できるように

3. 例えば柱の下部分を「単純型抜き」で切り抜き…

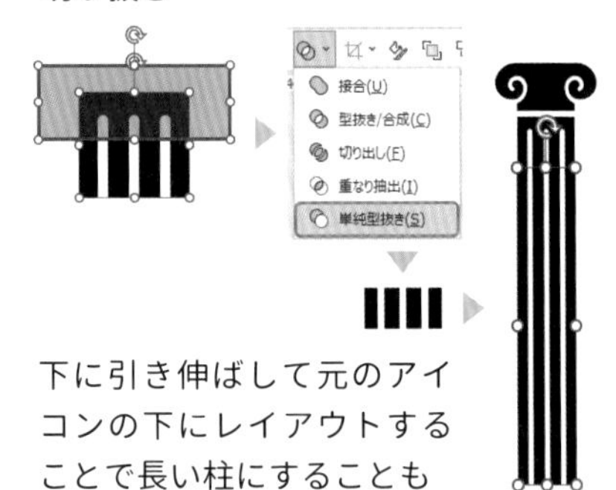

下に引き伸ばして元のアイコンの下にレイアウトすることで長い柱にすることも

第3章

2章で使ったパワポのテクニック

01 タブと書式設定で各機能にアクセス

パワーポイントの機能を使うときは基本はタブから選び、リボンを表示させます。文字や図などの細かい設定をするときは、書式設定のウィンドウを活用します。

タブ でよく使用する機能

・文字の設定

「ホーム」のタブを選ぶと、フォントや段落、文字サイズ、段落などをここから選ぶことができます。より細かい設定を行う場合は、⊡をクリックすると詳細画面が出ます。

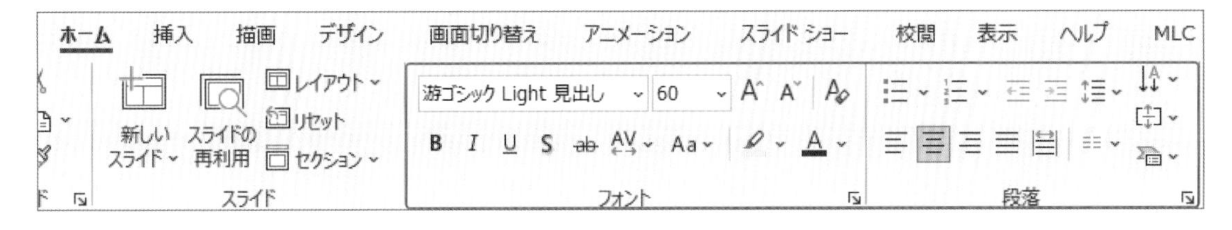

・図形の設定

形・色・重ね順、配置、グループ化、回転、サイズなどを変えることができます。

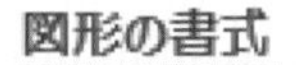

図形を選択するとタブに現れる！（何も選択していないとタブに表示されない）

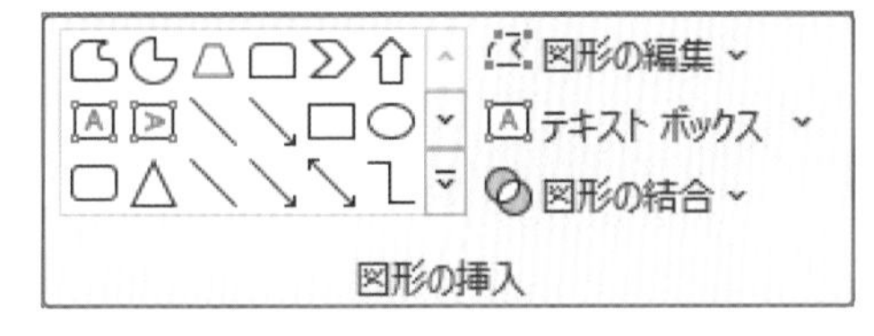

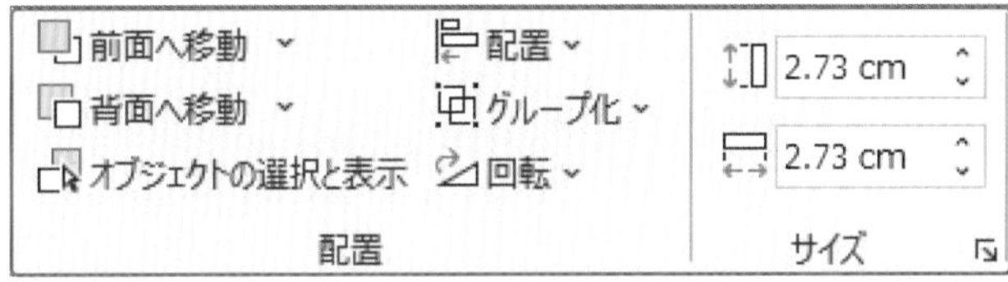

・画像、アイコン、表の設定

「挿入」のタブを選ぶと、表・画像・グラフ・スライドなど挿入に関するものが集約されています。

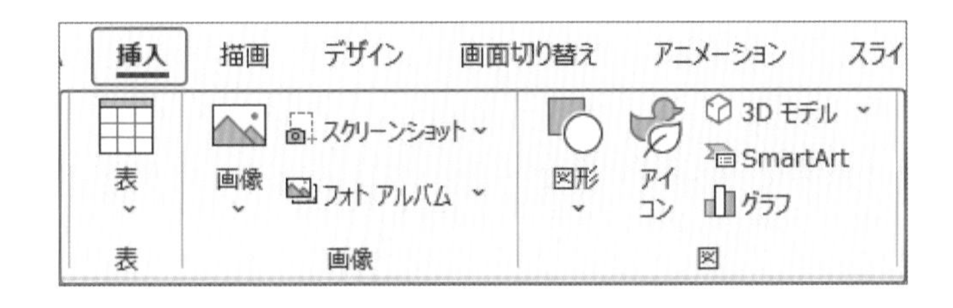

書式設定ウィンドウの出し方

文字や図形を選択し、右クリックします。

グラフを選択し、右クリックします。

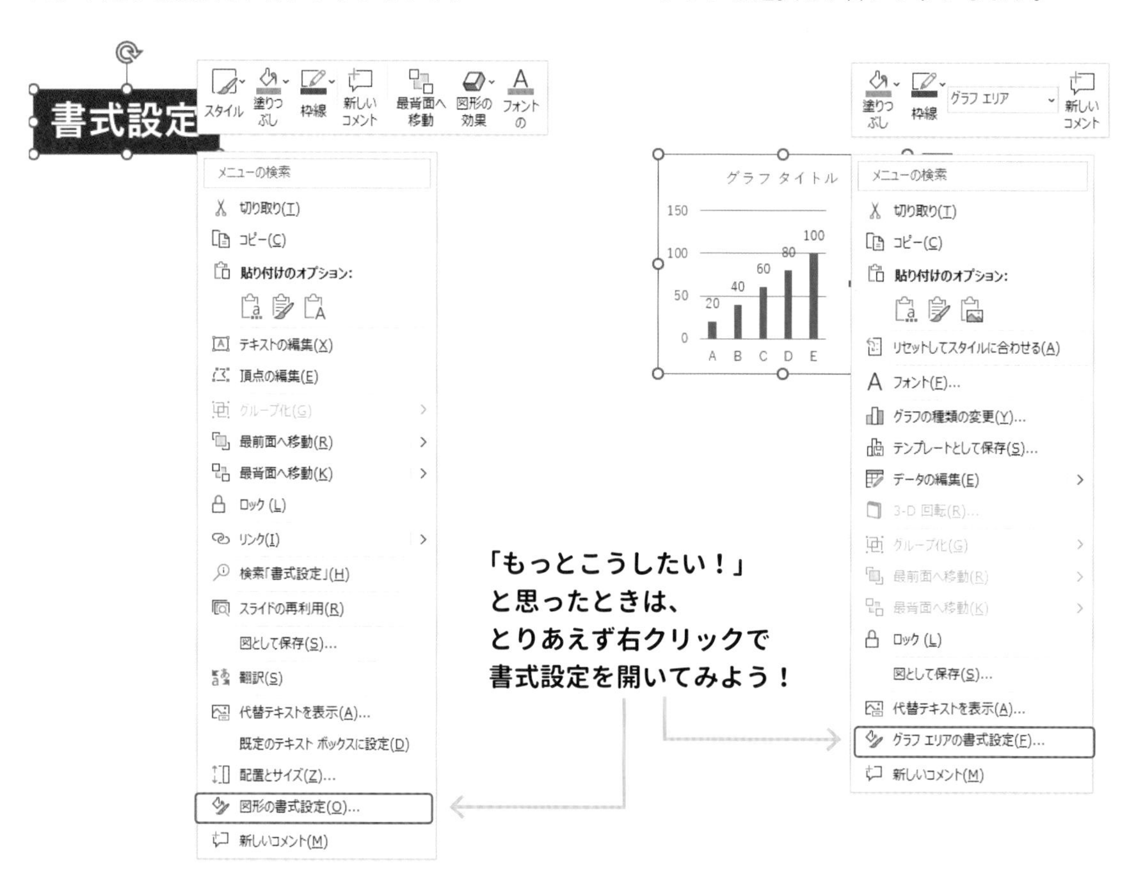

memo

書式設定のウィンドウで細かな設定ができます。見せ方にこだわるなら、ここを使いこなすことは必須です。

書式設定 の色々なメニュー

・図形を選択

塗りつぶしと線

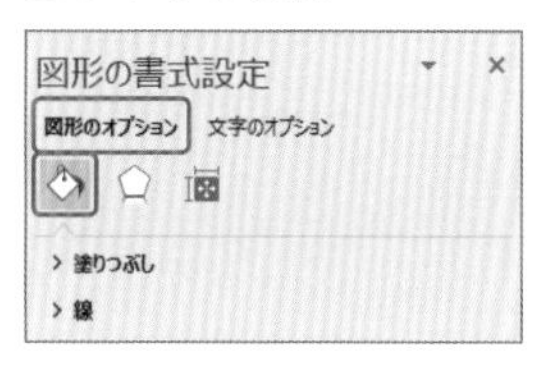

効果

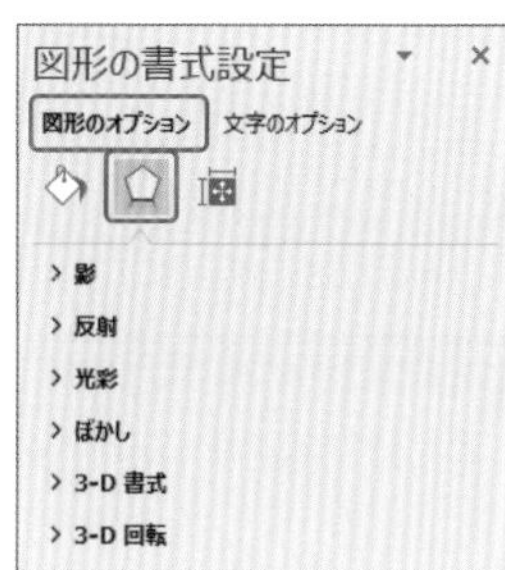

サイズとプロパティ

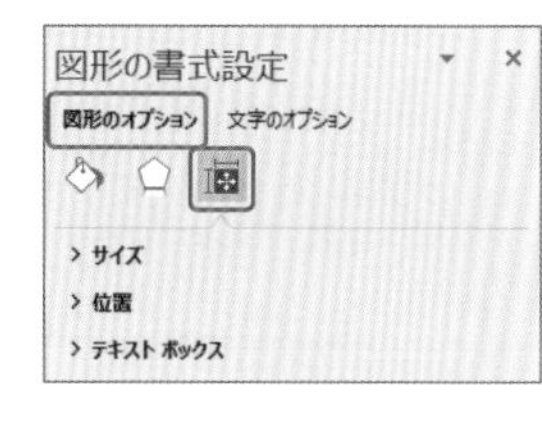

図

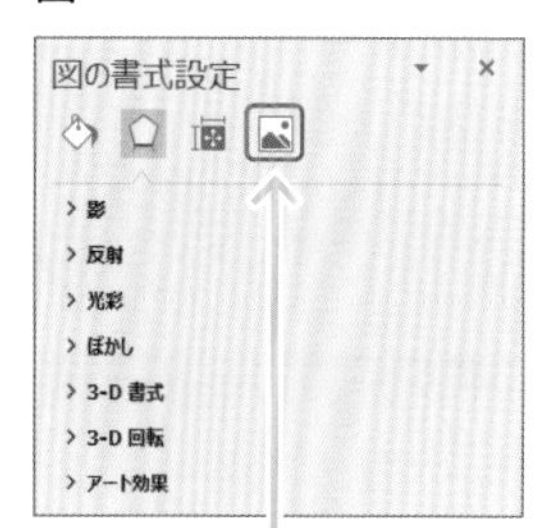

画像を選択で出てくる

・文字を選択

塗りつぶしと線

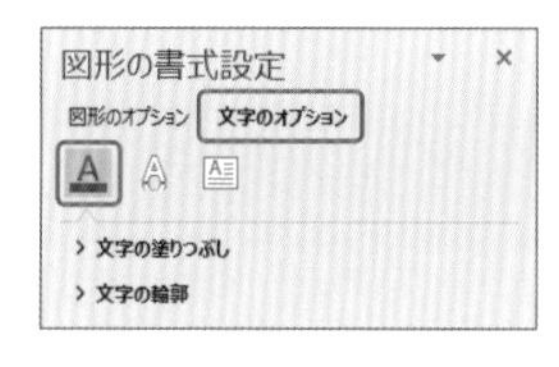

効果

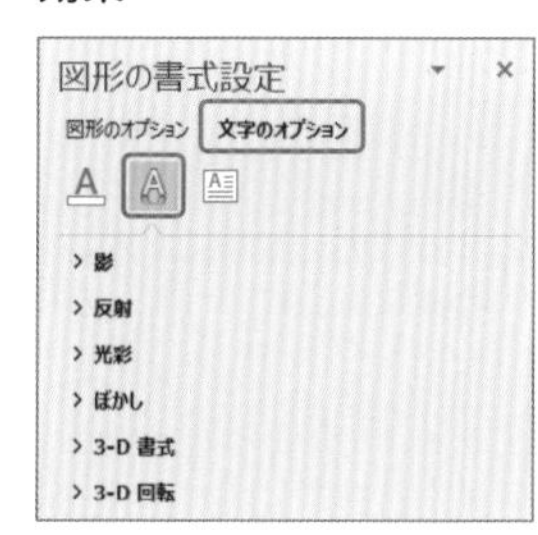

テキストボックス

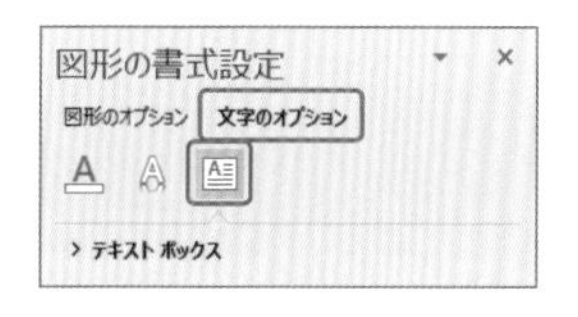

・グラフの要素を選択

グラフのオプション

「グラフの各要素を選択」で出てくる（軸、系列、凡例、　数値など）

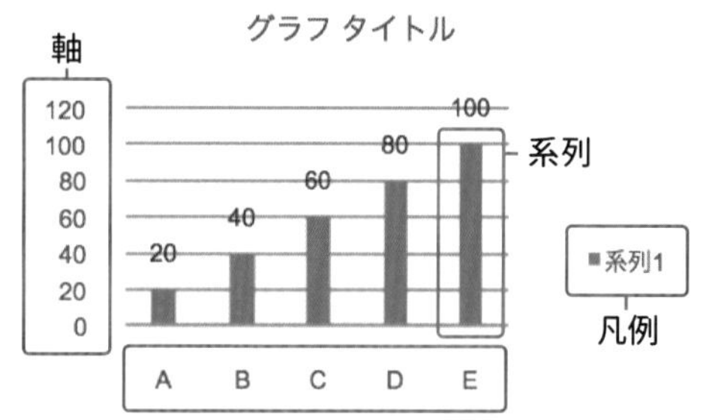

02 効率化の一歩はよく使うショートカット

使用頻度の高いショートカットを覚えて、サクサク作業を進めるようにしましょう。これ以外にもショートカットはたくさんありますので、お時間のある方は調べてみて下さい。

●Macの場合、Ctrl は ⌘ に置き換えてください。また、PowerPointのバージョンによって異なる場合はあります。

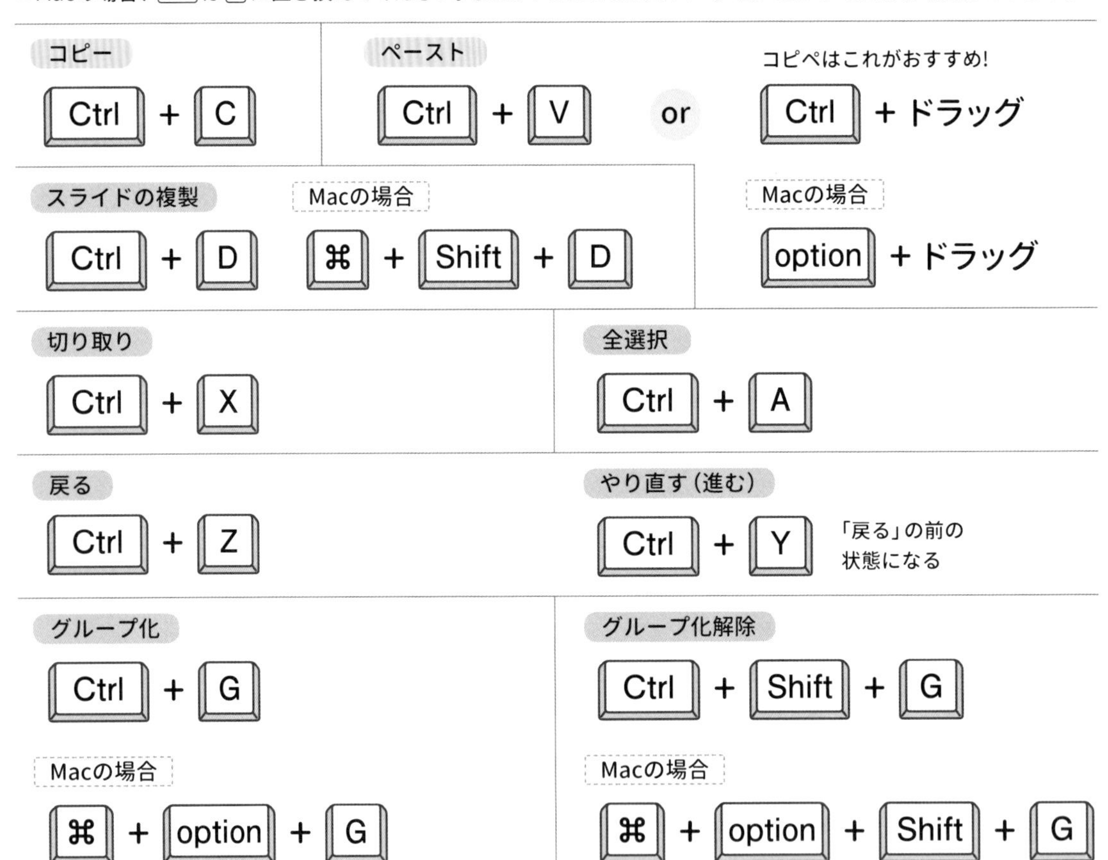

書式のコピー

Ctrl + Shift + C

Macの場合

⌘ + Shift + C

書式のペースト

Ctrl + Shift + V

Macの場合

⌘ + Shift + V

書式のコピーとは、図形の塗り枠線、影などの効果、さらには文字のフォント、大きさ、色などの書式の設定を丸ごとコピーしてくれます。他のオブジェクトにペーストすることで、それらの書式に反映してくれる非常に便利な機能です。

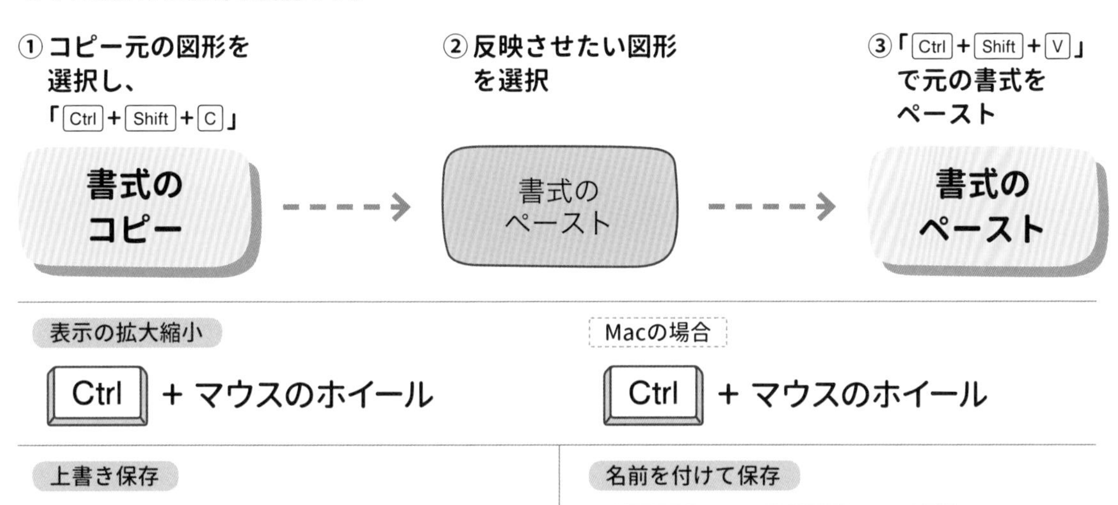

表示の拡大縮小

Ctrl + マウスのホイール

Macの場合

Ctrl + マウスのホイール

上書き保存

Ctrl + S

名前を付けて保存

Ctrl + Shift + S

memo

これらは、私が必ず使うショートカットたちです。左手の小指はCtrl、薬指はShiftに常に置いています。

03 クイックアクセスツールバーで時短

「クイックアクセスツールバー」は、各タブ内にある機能をピックアップして、リボン上部もしくは下部に表示できる機能です。よく使用する機能を常に見えるようにできるため作業の効率化が図れます。

クイックアクセスツールバー

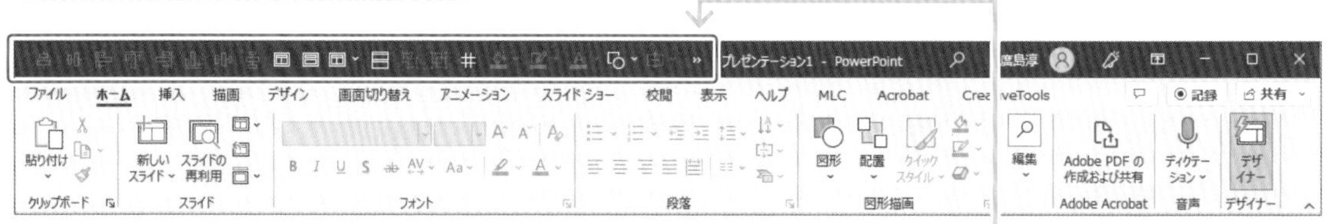

左端にあるプルダウンメニュー内の「リボンの下に表示」を選択すると、リボンの下に移動します。編集画面に近いので、こちらの位置がおすすめです。

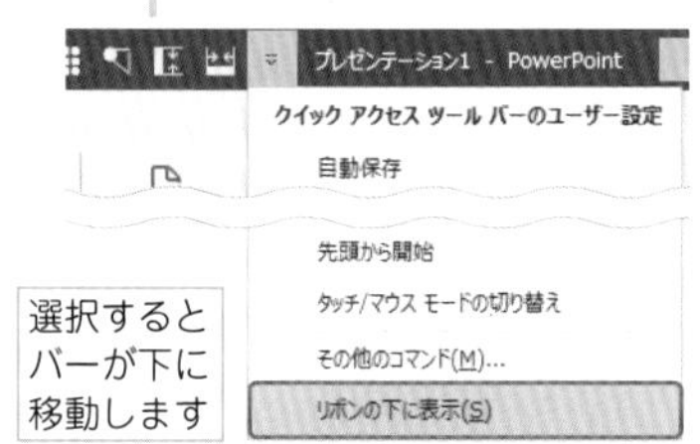

選択するとバーが下に移動します

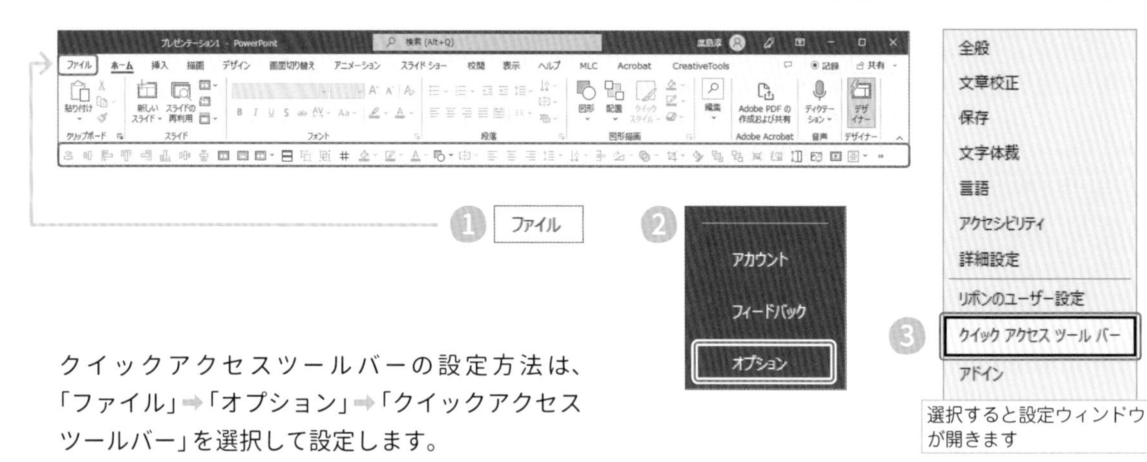

クイックアクセスツールバーの設定方法は、「ファイル」→「オプション」→「クイックアクセスツールバー」を選択して設定します。

選択すると設定ウィンドウが開きます

「クイックアクセスツールバー」内に入れる機能は下記画面で設定します。左のコマンド選択で機能を選び「追加(A)」➡「OK」を選択して設定します。自分がよく使用する機能を追加していきましょう。

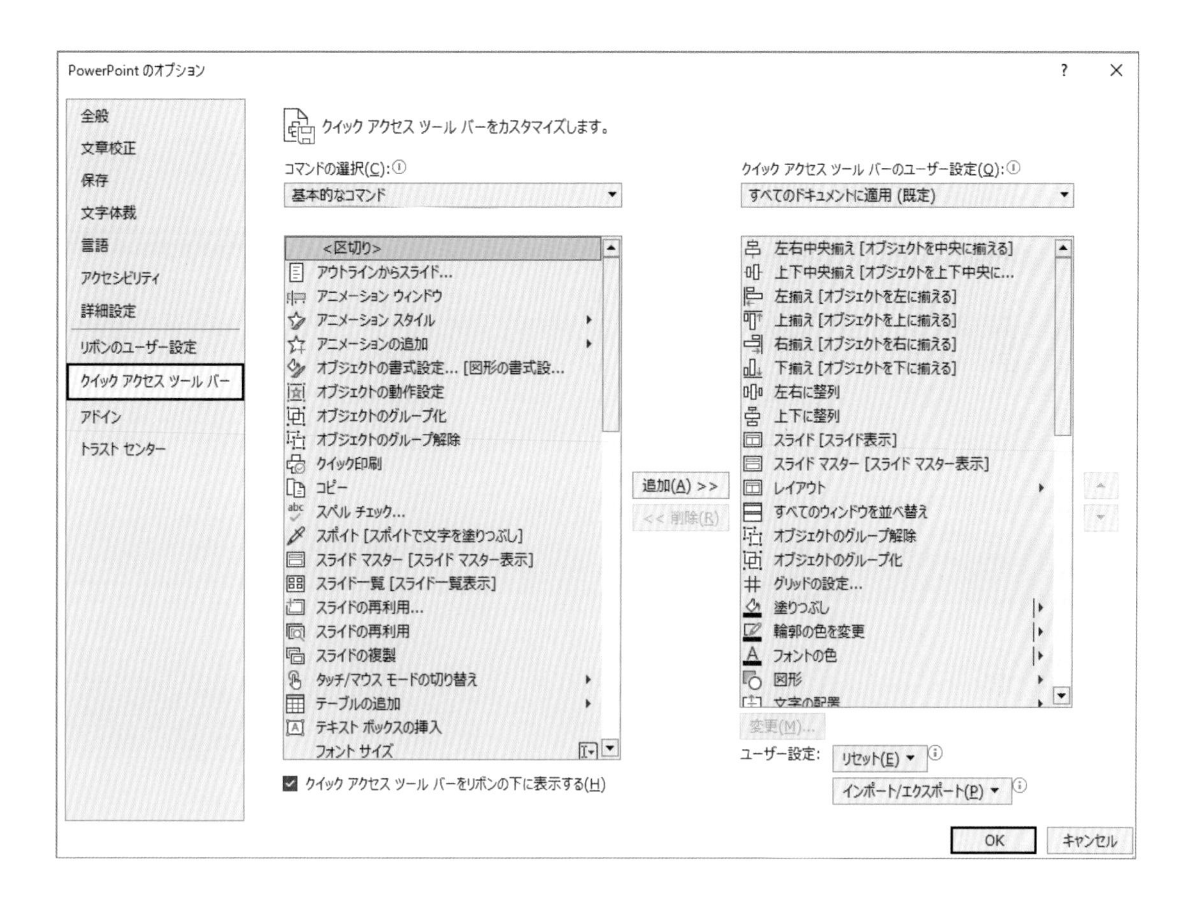

ちなみに私のクイックアクセスツールバーは以下の通りです。

04 キレイなレイアウトのコツ　ガイドの活用

ガイドの表示

スライド上に基準となる架空の線を表示してくれる「**ガイド**」という機能があります。主に、スライド外枠の余白を確保するための基準として使用することが多いです。

「ガイド」の表示方法は、以下のように何種類かある

- 「表示」タブ内にあるガイドにチェック
- または、何も選択していない状態で右クリック➡「グリッドとガイド」➡「ガイドを表示」にチェック
- ショートカット Alt ＋ F9

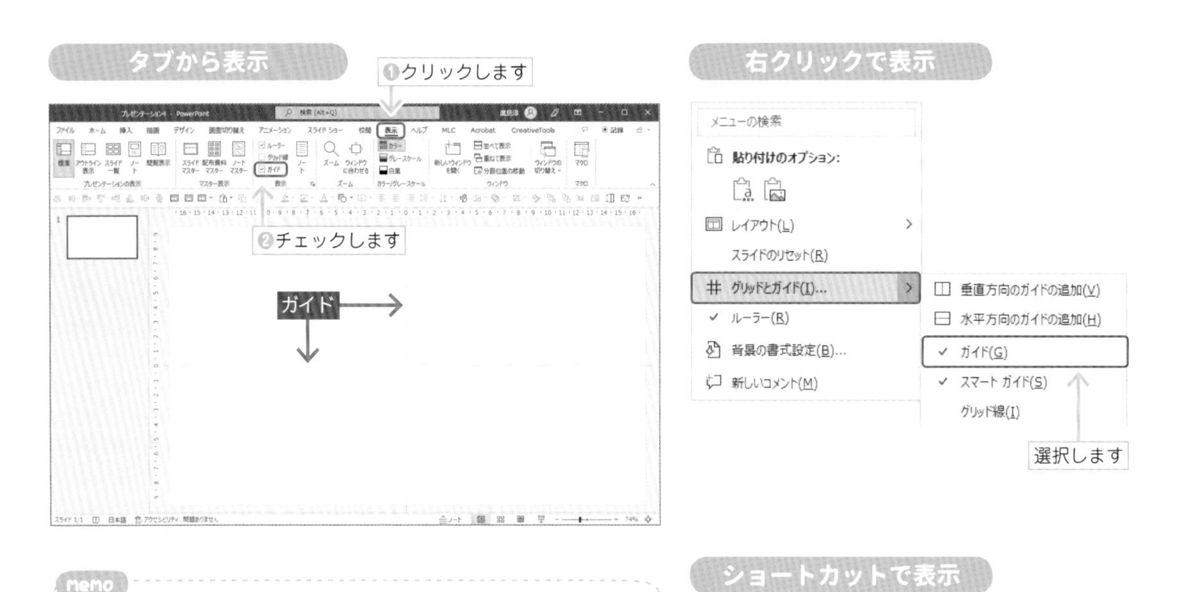

ショートカットで表示

Alt ＋ F9

memo

ガイドを入れることで、レイアウトする基準ができて考えやすいです。
使っていない方は試してみてください。

ガイドの活用

ガイドはドラッグで移動できます。ドラッグで移動させると中央からの数値が出るので、外側の余白を設定する場合は、上下、左右と同じ数値の位置に設置しましょう。
設定したガイドは、全スライドに同じ位置で表示されます。作業中にガイドを移動させないように、**スライドマスター**上で設定することも可能です。

- ドラッグで移動（Ctrl キーを押しながら移動でガイドのコピー）
- 左右、上下で同じ位置に設定する場合は、ガイド上の数値を基準にする
- ガイドの追加・削除は、右クリック➡「グリッドとガイド」から行う

ドラッグで移動

ガイドをドラッグすると、中央からの数値が表示される

右クリックでガイドの追加・削除

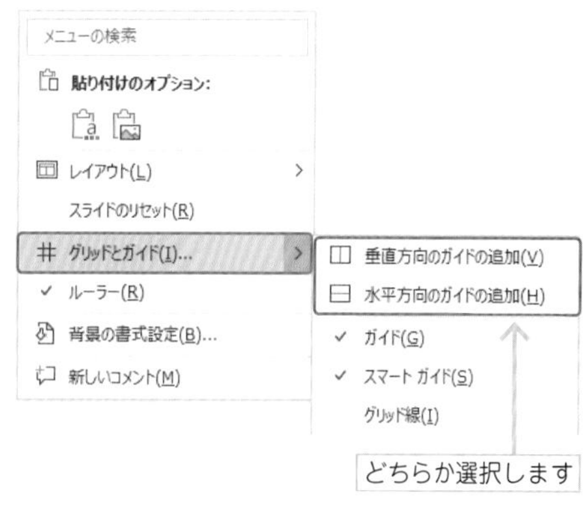

Memo

あらかじめ文字を入れない余白部分をガイドで設定しておくと、余白を意識的に作れます。

05 文字入力の基本と調整

テキストボックスか図形に直接入力

図形と文字は「ホーム」タブ内の「図形描画」からテキストボックスか、図形を選択します。

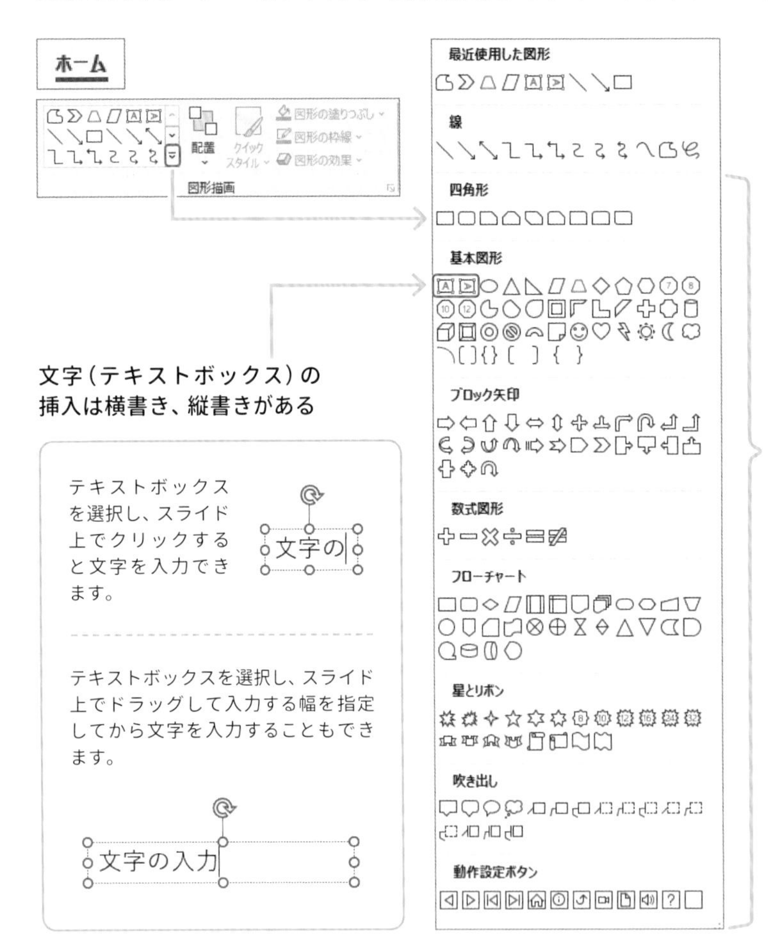

図形はこの中から選択

任意の図形を選択し、スライド上でドラッグして図形の大きさを決めます。その後、図形を選択したまま文字を入力することができます。

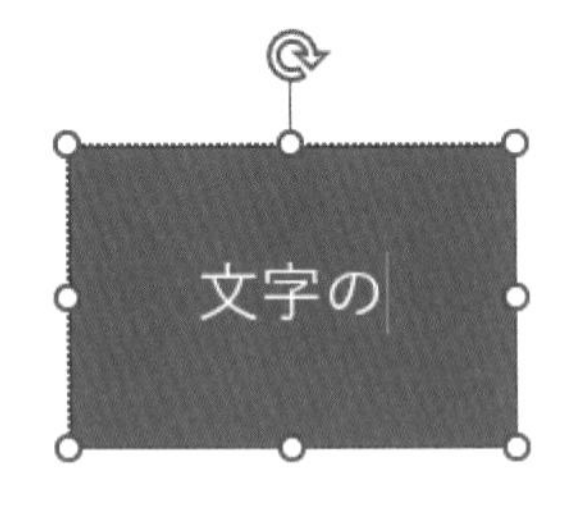

テキストボックス（図形）の調整

テキストボックス（図形）内の文字の配置などの設定は、以下で行います。

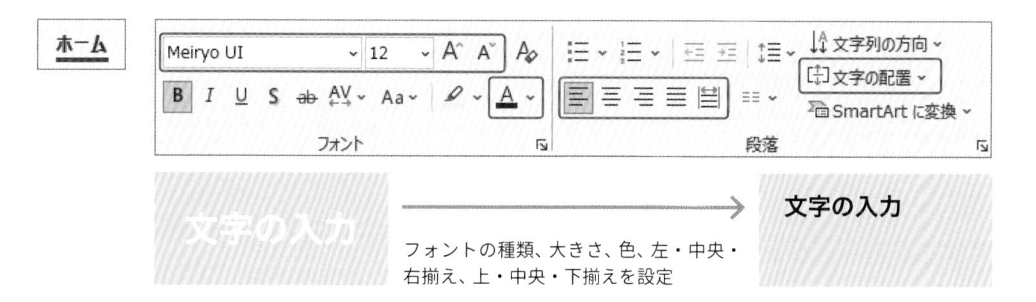

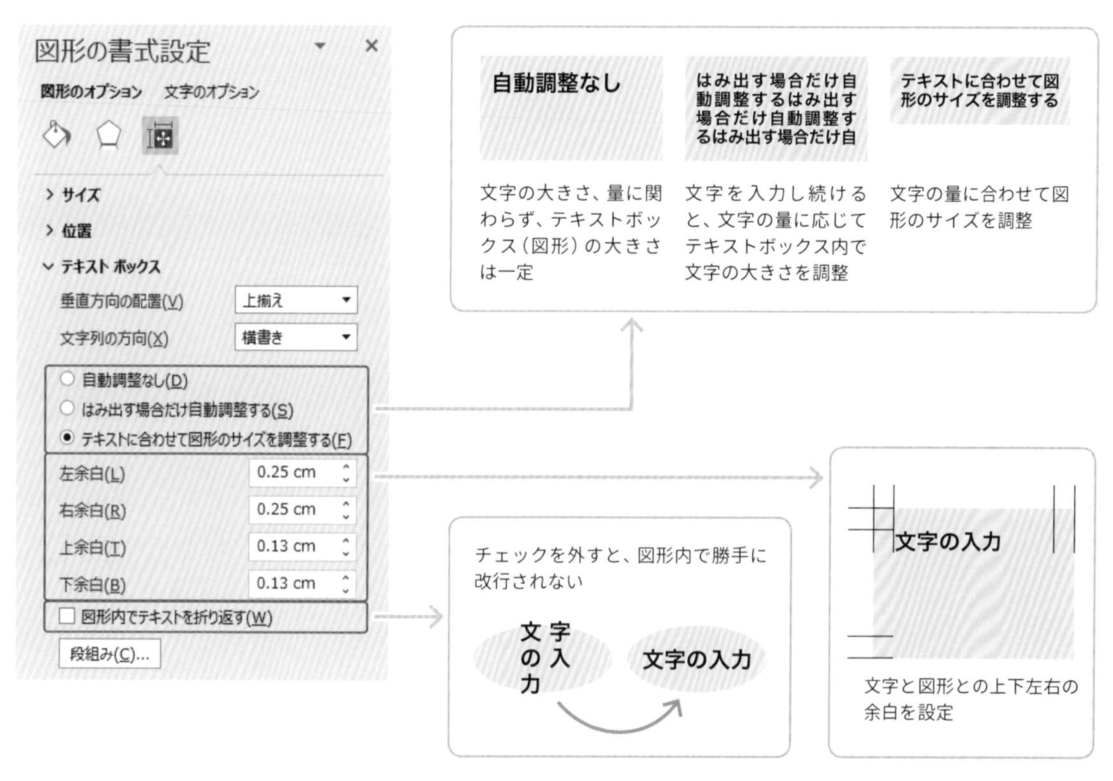

06 読みやすさを作る行間・字間の設定方法

読みやすい行間・字間を探る

行間・文字が詰まっている文章は、まとまりはできるものの、読みにくくなってしまいます。適切な行間と字間をとることで読みやすく、スッキリとした見た目にすることができます。設定方法を覚えて、資料に応じて気持ちよく見やすい行間・字間をとっていただければと思います。

何もしていない状態

■ **読みやすい行間・字間を探る**
つめつめの文章はまとまりはできますが、読みにくくなってしまいます。適切な行間と字間をとることで読みやすさとともにスッキリとした見た目にすることができます。
■ **読みやすい行間・字間を探る**
つめつめの文章はまとまりはできますが、読みにくくなってしまいます。適切な行間と字間をとることで読みやすさとともにスッキリとした見た目にすることができます。

段落前に空きを作る

■ **読みやすい行間・字間を探る**
つめつめの文章はまとまりはできますが、読みにくくなってしまいます。適切な行間と字間をとることで読みやすさとともにスッキリとした見た目にすることができます。

■ **読みやすい行間・字間を探る**
つめつめの文章はまとまりはできますが、読みにくくなってしまいます。適切な行間と字間をとることで読みやすさとともにスッキリとした見た目にすることができます。

memo

字間は、資料作りに余裕があるときに検討する程度でいいですが、行間に関してはできるだけ調整するようにしましょう。それだけで大きく印象が変わります。

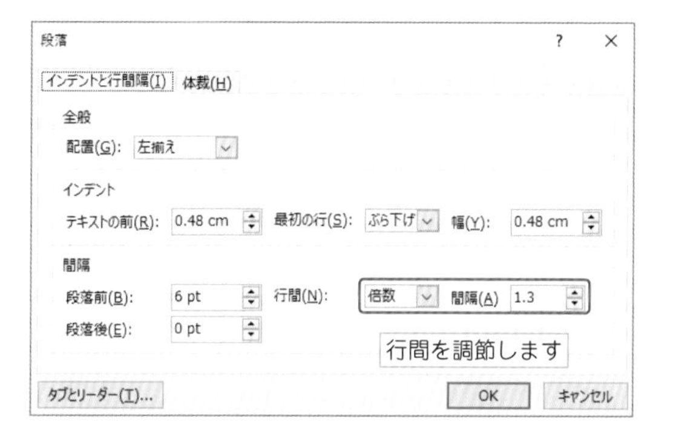

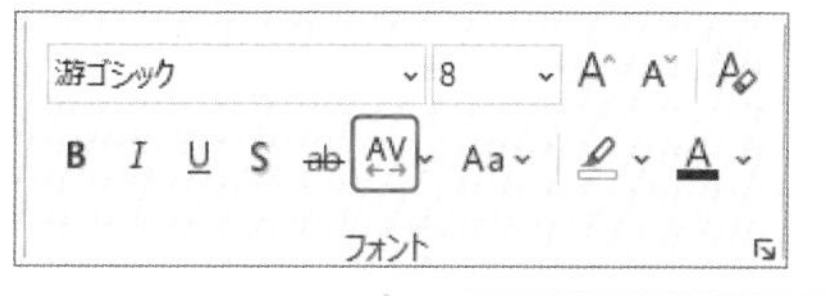

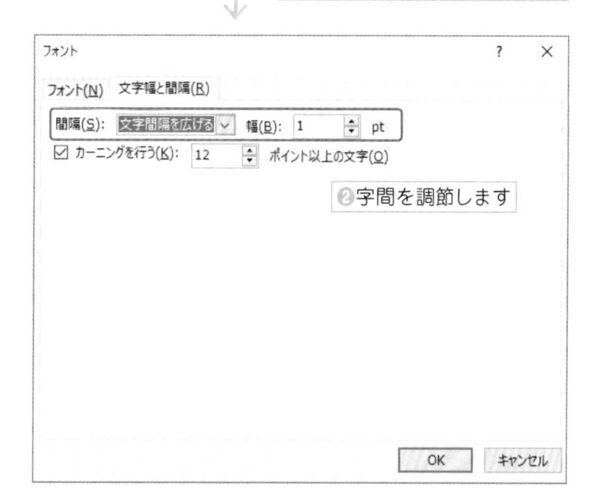

行間に空きを作る

■ **読みやすい行間・字間を探る**

つめつめの文章はまとまりはできますが、読みにくくなってしまいます。適切な行間と字間をとることで読みやすさとともにスッキリとした見た目にすることができます。

■ **読みやすい行間・字間を探る**

つめつめの文章はまとまりはできますが、読みにくくなってしまいます。適切な行間と字間をとることで読みやすさとともにスッキリとした見た目にすることができます。

字間に空きを作る

■ **読みやすい行間・字間を探る**

つめつめの文章はまとまりはできますが、読みにくくなってしまいます。適切な行間と字間をとることで読みやすさとともにスッキリとした見た目にすることができます。

■ **読みやすい行間・字間を探る**

つめつめの文章はまとまりはできますが、読みにくくなってしまいます。適切な行間と字間をとることで読みやすさとともにスッキリとした見た目にすることができます。

07 おしゃれ感アップ！　文字の見せ方

袋文字の作り方

袋文字とは

ポップでカジュアルなイメージになりますが、袋文字は非常に目立たせることができる表現です。資料によってはうまく使用することで、メリハリがきいた印象にすることができます。

光彩の活用方法

背景に画像がある場合などに、文字に光彩効果をつけることで読みやすさを確保することができるようになります。

画像の色味の関係で文字が読みづらい

文字の光彩で色を指定し、サイズを調整

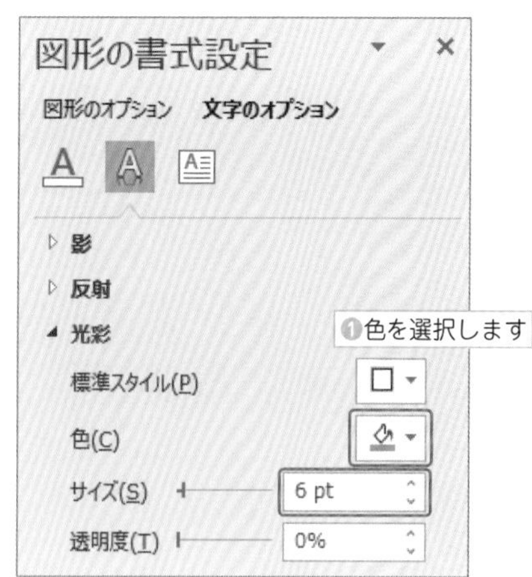

❶色を選択します

❷サイズを設定します

memo

背景が画像のとき以外でも、ちょっと文字が読みにくいな、と感じる場面があるときに読みやすくする選択肢の一つとして覚えておくといいでしょう。

08 見やすさで選ぶおすすめフォント

Windowsに搭載されている標準日本語フォント

Windowsに標準搭載されているフォントでおすすめは、游ゴシック、メイリオ、BIZ UDPゴシックです。游ゴシックとメイリオはBold（太字）に対応しており、強調がしやすく文字・文章が多い資料で非常に使いやすいフォントです。基本的にはこの２つのフォントのどちらかを使用すると間違いありません。

一方BIZ UDPゴシックは、こちらもBold（太字）に対応はしているものの通常時とのメリハリが游ゴシックやメイリオほどはつきません。文章中の一部を強調する場合は、色を変える、背景に色を敷くなどの工夫をした方がメリハリをつけやすいです。

游ゴシック

迷ったら游ゴシックにしよう
あいうえおかきくけこ
迷ったら游ゴシックにしよう
あいうえおかきくけこ

メイリオ

迷ったらメイリオにしよう
あいうえおかきくけこ
迷ったらメイリオにしよう
あいうえおかきくけこ

BIZ UDPゴシック

迷ったらBIZ UDPにしよう
あいうえおかきくけこ
迷ったらBIZ UDPにしよう
あいうえおかきくけこ

Meiryo UI

迷ったら Meiryo UI にしよう
あいうえおかきくけこ

おすすめフォント❶

遊ゴシック

経済産業省
中間取りまとめ2020
未来ニーズから価値を創造する
イノベーション創出に向けて
令和2年5月29日
産業構造審議会 産業技術環境分科会
研究開発・イノベーション小委員会

どんな資料にも合う
プレーンなフォント

遊ゴシックはWindows10以降に搭載され、それに合わせてoffice2016以降で標準フォントとして、PowerPointの新規ファイルでは遊ゴシックがデフォルトの設定になっています。
Bold（太字）にも対応しており、非常に使い勝手のいいフォントです。

おすすめフォント❷

メイリオ

経済産業省
中間取りまとめ2020
未来ニーズから価値を創造する
イノベーション創出に向けて
令和2年5月29日
産業構造審議会 産業技術環境分科会
研究開発・イノベーション小委員会

少しカジュアルな
雰囲気を持つ
資料の定番フォント

メイリオはWindows Vista以降に搭載され、その後多くの資料に使用されています。Meiryo UIは「ひらがな・カナの文字幅が狭く設定されており、長文に使用するといいでしょう。
Bold（太字）が他のフォントと比べて、特に目立つため、文字のメリハリをつけやすいフォントです。

おすすめフォント❸

BIZ UDPゴシック

経済産業省
中間取りまとめ2020
未来ニーズから価値を創造する
イノベーション創出に向けて
令和2年5月29日
産業構造審議会 産業技術環境分科会
研究開発・イノベーション小委員会

2018年に
搭載された比較的
新しいフォント

BIZ UDPゴシックはWindows 10 October 2018 Update以降に搭載されました。
「わかりやすい」「読みやすい」「読み間違いしにくい」をコンセプトに、日常的な文章作成に活用できるように、最適化したユニバーサルデザインフォントです。

おすすめフォント❹

Meiryo UI

経済産業省
中間取りまとめ2020
未来ニーズから価値を創造する
イノベーション創出に向けて
令和2年5月29日
産業構造審議会 産業技術環境分科会
研究開発・イノベーション小委員会

メイリオより、
省スペースで収まる

Meiryo UIは、Windows 7以降に搭載されたフォントです。メイリオと比較して、行間が狭いのが特徴です。
ユーザーインターフェースで使用することを想定されたフォントです。

おすすめの英数字フォント

おすすめの日本語フォントの英数字も悪くはないのですが、より見え方にこだわる場合は、英数字のフォントも検討した方がいいでしょう。Windowsに、標準搭載されている私がよく使用するおすすめの英数字フォントは以下の通りです。

Arial　読み方：エイリアル、アリアルなど

シンプルで可読性・デザイン性を持つフォント。使用して間違いないフォントですが、よく見るフォントなので、ちょっと物足りなく感じるときも。

abcdefghijklmnopqrstuvwxyz
ABCDEFGHIJKLMNOPQRSTUVWXYZ
0123456789

Segoe UI　読み方：シーゴー、シーゴなど

游ゴシックやメイリオとの相性が良いフォント。日本語と並んで使用することが多い資料には、このフォントを選択するようにしています。

abcdefghijklmnopqrstuvwxyz
ABCDEFGHIJKLMNOPQRSTUVWXYZ

Century Gothic　読み方：センチュリーゴシック

キレイで洗練されたイメージのフォント。ただし、「ao」など誤読しやすいスペルもあるので、タイトルや見出しなど大きく使用する場合がおすすめです。

abcdefghijklmnopqrstuvwxyz
ABCDEFGHIJKLMNOPQRSTUVWXYZ
0123456789

フォントを外部からダウンロード

標準フォントではなく、新しいフォントを使用したいときは外部の有料フォントやフリーフォントをダウンロードして使用します。
ただし、PowerPointの資料は様々な人が共有するため、フォントを持っていない人がファイルを開くと文字組みが崩れてしまうので、できるだけ有料フォントは避けたいところです。フリーのフォントだと、共有相手にもダウンロードしてもらうことで崩れてしまうことを避けることができます。
おすすめのフリーフォントは以下です。

外部おすすめフォント

・Mplus 1p

Googleが提供している日本語のWebフォントです。ゆったりとした書体です。

あいうえおアイウエオ
ABCDEFG 012345!?

・Noto Sans JP

こちらもGoogleフォントです。丸みを少し持たせつつ、可読性が良いのが特徴です。

あいうえおアイウエオ
ABCDEFG 012345!?

・M PLUS Rounded 1c

丸ゴシックのフォントです。優しい印象を出したい資料などにおすすめです。

あいうえおアイウエオ
ABCDEFG 012345!?

・小杉丸

手書き風と丸ゴシックの間のようなフォントです。子ども向け商材の資料などでおすすめです。

あいうえおアイウエオ
ABCDEFG 12345!?

これらは、Googleが提供するWebフォントサービス「Google Fonts」が提供しているフォントです。日本語対応をしており、数種類のウエイト（文字の太さ）を選べます。Google Fontsではこの他にも様々なフォントがありますので、試してみるのもいいでしょう。

09 迷わないフォントの選び方

明朝体の使いどころ

明朝体のフォントは可読性に優れているので、長い文章が多いときに使用すると良いといわれています。レポートや書籍・雑誌などによく使用されているのを目にします。
ゴシック体は視認性が良く、通常のスライド作成ではゴシック体のフォントがよく使われます。
そのため、あまり提案書では明朝体は使用することが少ないです。

私が明朝体のフォントを使用する場合は、対象スライドが高級感や繊細さの印象を読む相手に感じてほしいときです（高額なサービスなどの紹介、会社案内など）。

おすすめの明朝体のフォントは「游明朝」です。

おすすめの明朝体
游明朝

可読性が良く、縦書きや長い文章を伝えるレポート向き。
提案書では、繊細さや上品なイメージを付加する場合に使用

大きな見出しタイトルのみ明朝体で見せるなど

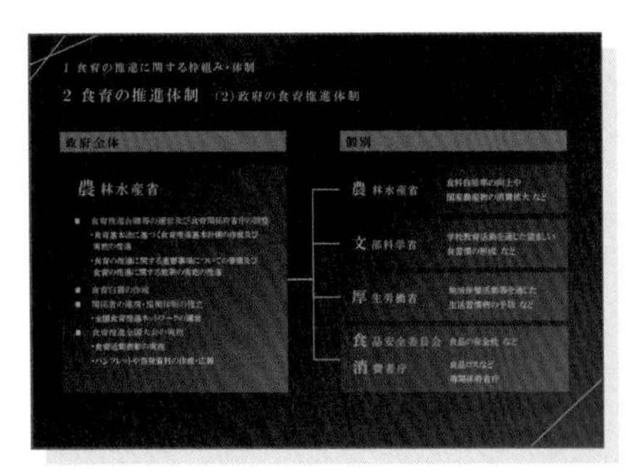

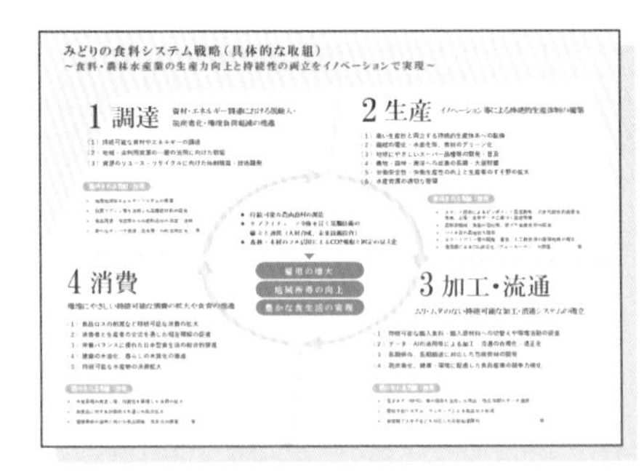

10 よく使うフォントを登録

フォントのカスタマイズで登録

PowerPointは「フォントのカスタマイズ」で、テーマのフォントを自由に設定することができます。「デザイン」タブから「バリエーション」➡「フォント」➡「フォントのカスタマイズ」を選択し、英数字と日本語のフォントを設定します（他にも「スライドマスター」➡「背景」➡「フォント」でも設定できます）。

❶ 「デザイン」タブから「バリエーション」を選択します

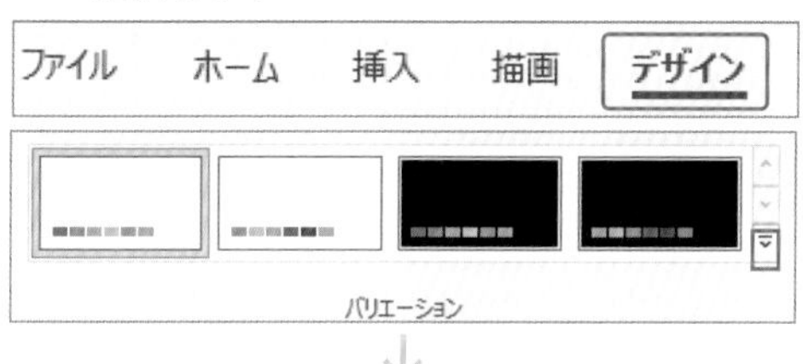

❷ 「フォント」を選択します

❸ 「フォントのカスタマイズ」を選択します

❹ 英数字と日本語のフォントを設定します

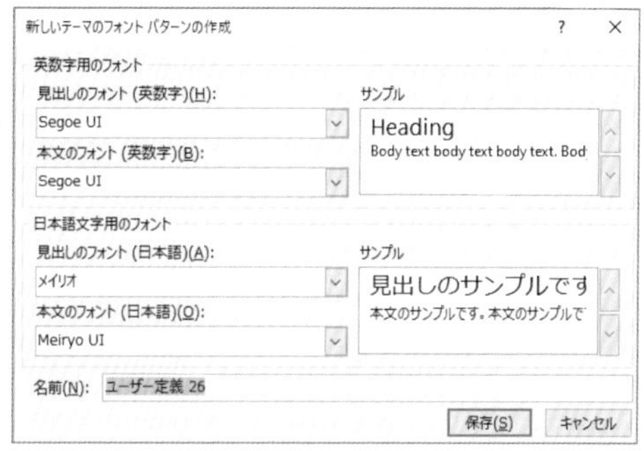

英数字、日本語フォントを選択し、必要に応じてパターンの名前を入れます。名前を設定しておくと別のファイルでも❸のところから選択できます。

❺ 設定されました！

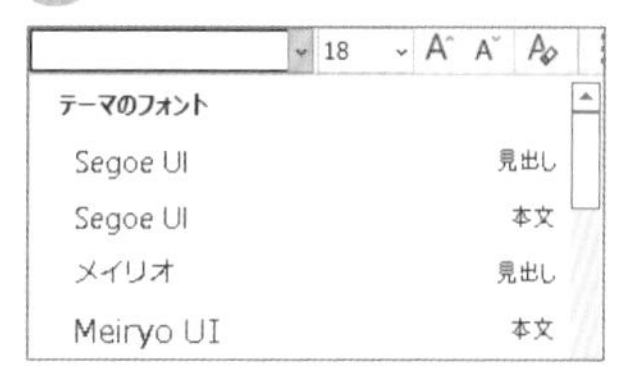

memo

このひと手間をかけるだけで、後々の面倒さを取り除いてくれます。

11 伝わる配色を迷わず決める

2～3色に絞る

基本的に提案書などの資料は、その企業のブランドカラーか紹介する商品・サービスのカラーをベースにすることが多いです。ベースとなる色を決めたら、できるだけその色の濃淡で表現するように心がけましょう。それだけで資料全体の統一感が出ます。
その上で強調して見せたい部分をアクセントカラーとして、設定しておきます。使用する色の比率イメージは以下の通りです。

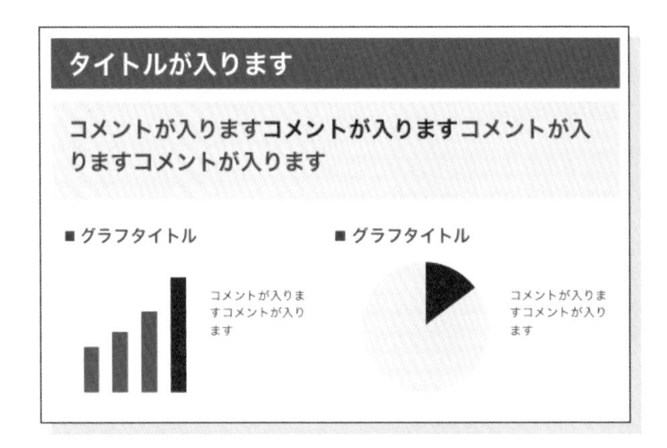

全体的にベースカラー（青）の印象にし、そのスライド内で最も伝えたいことをアクセントカラー（赤）にすることで、まず強調部分を読ませるようにします。

ベースカラー
企業のブランドカラーや商品・サービスカラーなど

アクセントカラー
強調して見せたい箇所に使いすぎに注意！

無彩色
背景の色や文字などの優先順位が低い箇所に使用

濃淡を使いこなす

ベースカラーを淡くした色は、全体の色のイメージを壊すことなく活用でき使い勝手が良いです。スポイトツールを使って、ロゴなどから抽出して、「塗りつぶしの色」➡「ユーザー設定」から淡い色を選びます。私もよく使うのですが、淡い色は背景に敷くことで目立つことなく、重要な範囲を強調できます。

1 ベースカラーを選ぶ

スポイトツールを使用するとブランドカラーや商品・サービスカラーの色を簡単に設定できます。

memo
スポイトツールは、貼り付けた画像の色も吸い取ってくれます。ロゴや商品画像から色を吸い取りましょう。

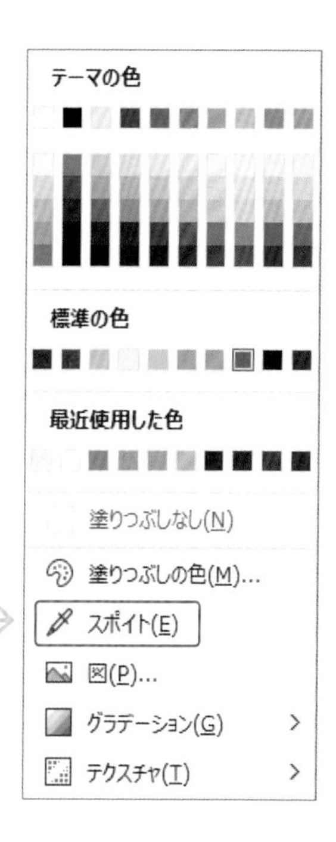

2 色の設定から淡くする

「図形の塗りつぶし」➡「塗りつぶしの色」➡「ユーザー設定」の右にあるバーを調整します。

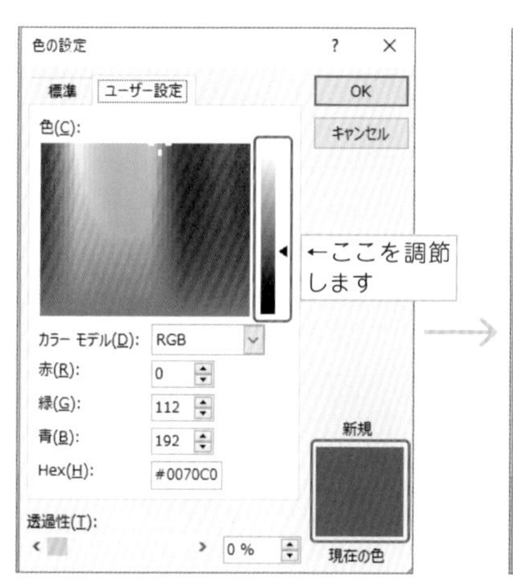

←ここを調節します

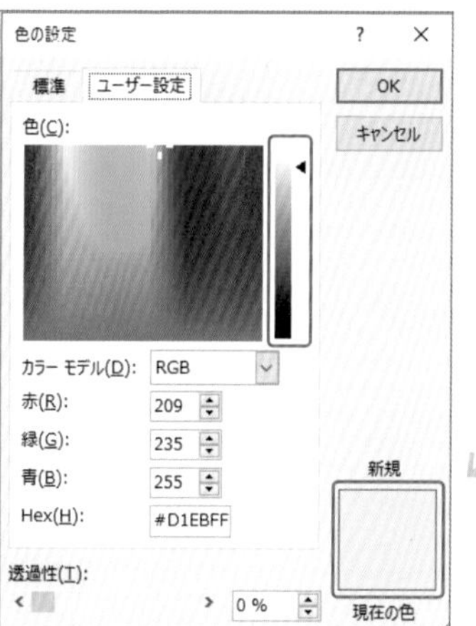

指定した色は、最近使用した色のところに残るので、別の図形に色を使用するときはそこから指定します。

12 決めスライドに欠かせない「背景色の入れ方」

背景の書式設定で塗りつぶし

背景色は、表示しているスライド全体に色を塗りつぶす設定です。スライド上で何も選択していない状態で右クリックし、「背景の書式設定」を選択します。

大きい長方形の図形で背景色を作ると、作業中に意図せずに、選択してしまうことがあります。そのようなことを防ぐために、背景色の設定を使用します。

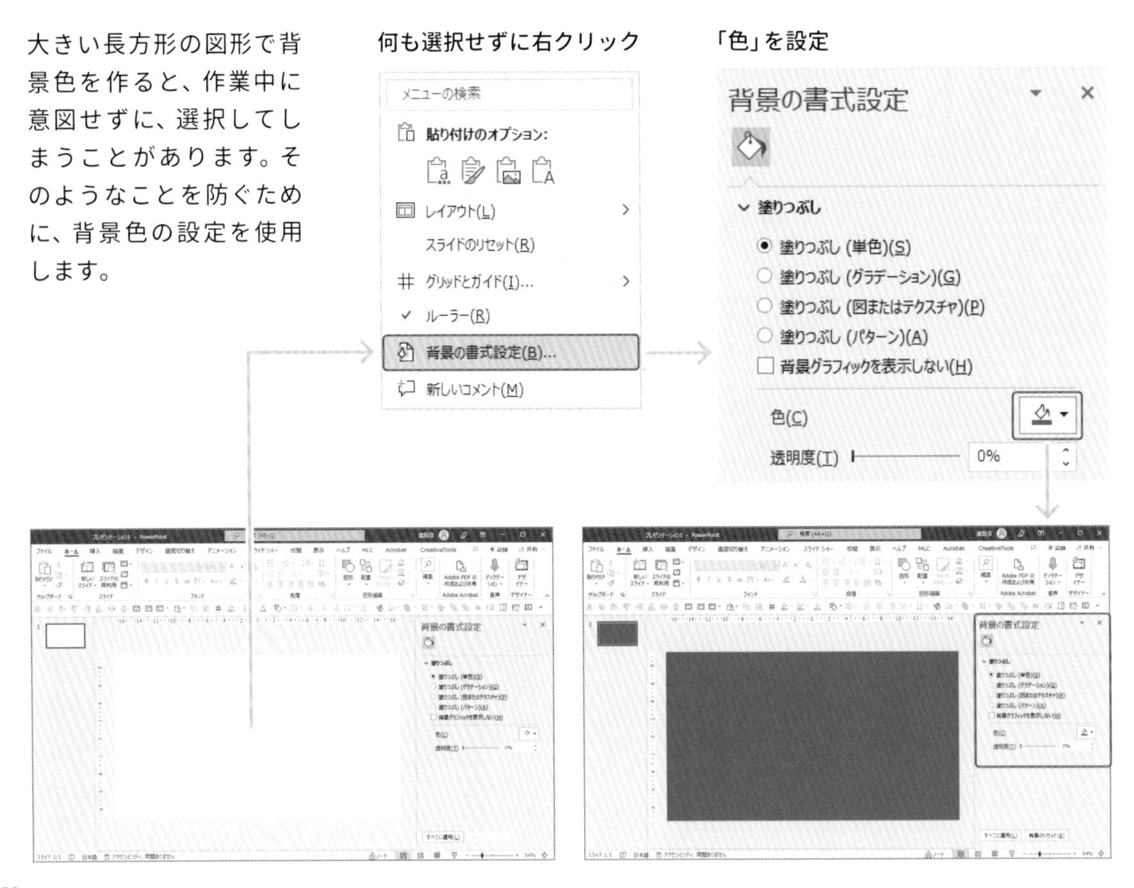

13 よく使う色を登録

PowerPointはフォントのカスタマイズでテーマの色を自由に設定することができます。「デザイン」タブから「バリエーション」➡「配色」➡「色のカスタマイズ」を選択し、RGBやHexの数値で設定します。例えばロゴの色を設定したいときは、事前にロゴカラーをスポイトで抽出し、その色のRGBの数値を調べておきます（色を選択し「塗りつぶしの色」➡ユーザー設定の画面で数値が確認できます）。

❶「デザイン」タブから「バリエーション」を選択します

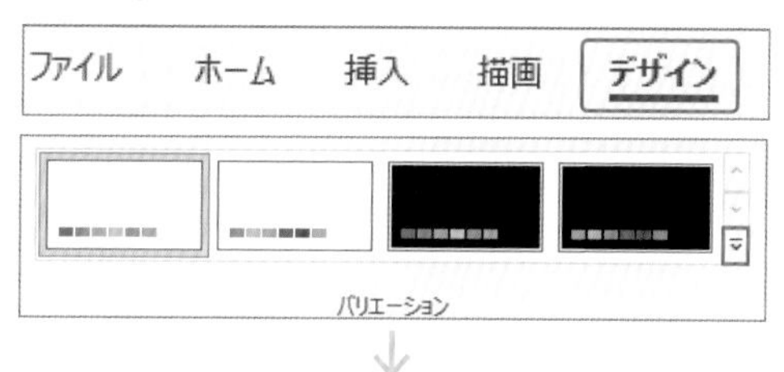

❷「配色」を選択します

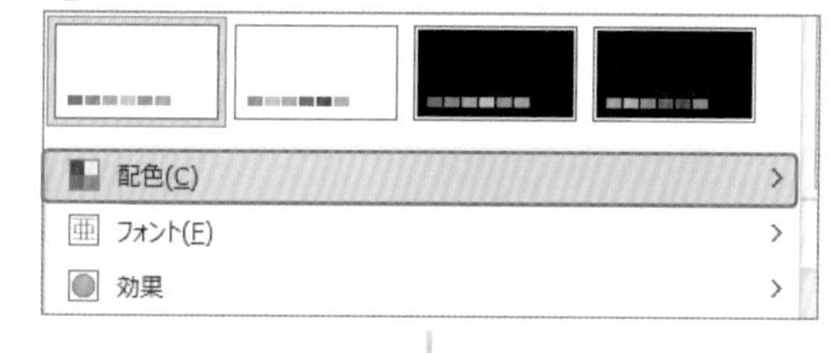

❸「色のカスタマイズ」を選択します

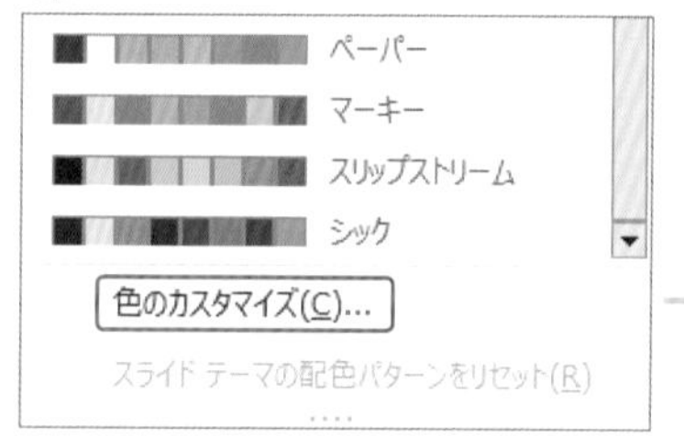

❹変更したいテーマの色を選択し、「その他の色」を選択します。

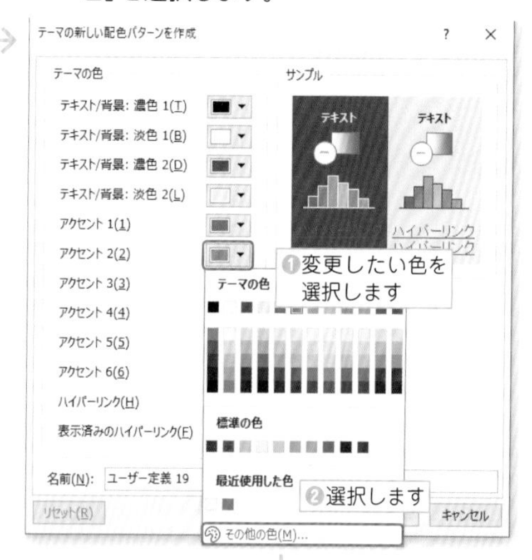

❺数値で設定します

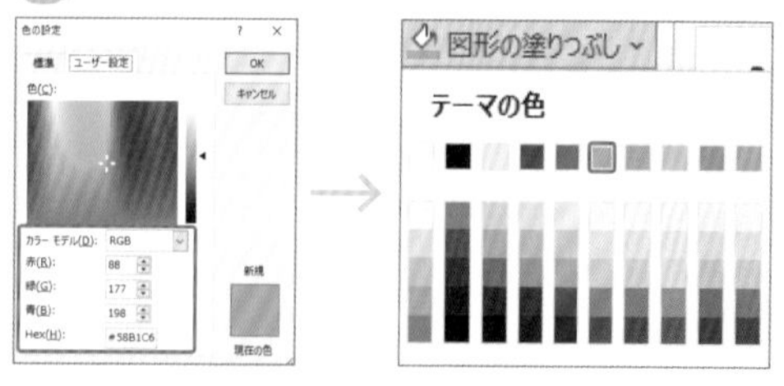

14 抜け感作る「グラデーション」の使い方

大小や方向性を表現する

大きい小さいの表現を矢印ですることも多いです。この大小を色の濃さで表現することで、直感的にわかるようにします。
また、スライド全面にグラデーションを配置することで、1色の塗りつぶしの単調さを緩和しつつ方向性を感じさせることができます。

線による大小の表現

小　大

矢印だと「線」と「文字」を認識する必要があります。目立つ表現なので、メインで見せたいときはこの表現を活用しましょう。

未来への投資

塗りつぶしと線の表現だとはっきりと目立たせることができますが、繊細さや落ち着いた印象を求められる資料には不向きです。

グラデーションによる大小の表現

小　大

色の濃淡だと直感的に理解しやすくなりますが、あまり目立つ表現ではないため、補足的な情報として表現したいときに活用しましょう。

未来への投資

例えば、斜めにグラデーションを引くことで右上への方向を感じさせることができます。スライドの内容に応じて活用しましょう。

2色のグラデーションでイメージを強化

相性の良い2色のグラデーションを活用することで、感じてほしいイメージを伝えることができます。下記に例を提示していますが、この他にも淡いグラデーションのものなど無数にあります。私は資料のベースカラーやロゴのカラーを基本にして活用することが多いです。

●クールなグラデーション例

トーン（彩度・明度）が明るい青系と緑系の組み合わせです。よくITなどのテック系の資料の場合に使用されます。

●フォーマルなグラデーション例

黒色とトーン（彩度・明度）が暗い青系の組み合わせです。信頼感が大事な資料の場合に使用されます。

●暖かなグラデーション例

トーン（彩度・明度）が明るい黄系と赤系の組み合わせです。よく親しみを大切にする資料の場合に使用されます。

●重厚感があるグラデーション例

トーン（彩度・明度）が低い黒系と赤系の組み合わせです。よく高級感が必要な資料の場合に使用されます。

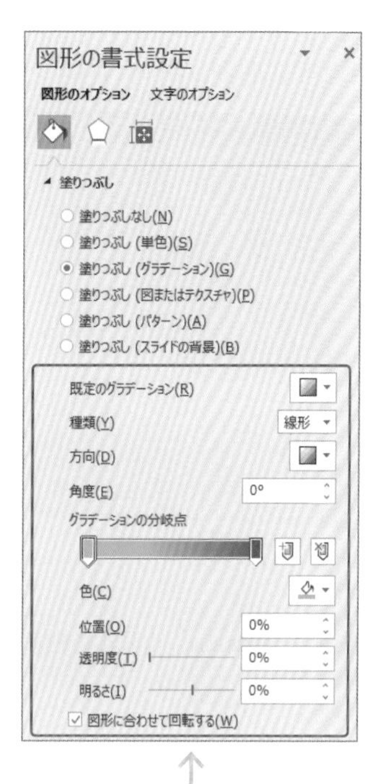

この部分で細かい設定を行います

memo

グラデーションで検索すると様々なパターンが出てくるので、そのあたりも参考にしながら検討するといいでしょう。

15 ワンランク上の資料に必須「透明度の活用」

重なりを表現する

ペン図などの重なりを表現するときに活用します。透明にすることで重なった部分が濃くなります。

透明度：0%

透明度：50%

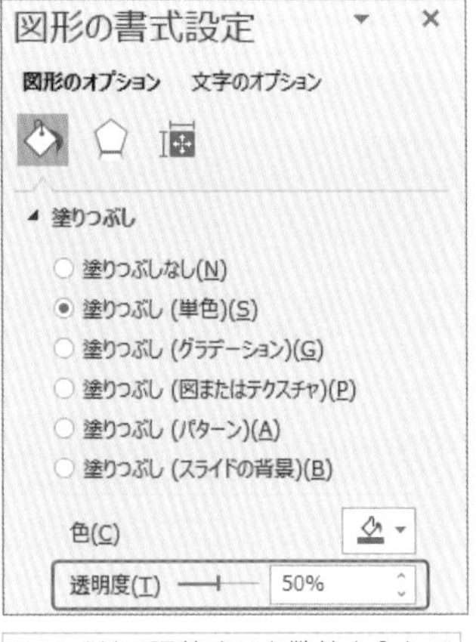

スライドで調整するか数値を入れる

濃淡で流れを表現する

数段階の濃淡を使用したいときに活用します。前出の色の濃淡（P157）で調節もできますが、こちらの方法が数値を指定できるので調整がしやすいです。

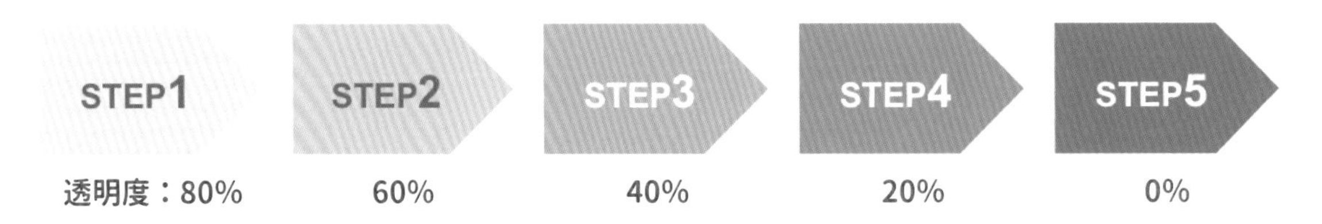

透明度：80%　60%　40%　20%　0%

memo

透明にしているため、背景に色を敷くと濃くなってしまうので、そのあたりの注意が必要です。

画像の上で透過させる

画像上に図形を配置する場合に透明度を活用します。背景の画像も感じさせながらレイアウトが可能です。

タイトルの場合

透明度：20%

フロー図の場合

透明度：50%（白）　50%（紺）　20%（紺）

グラデーションで透過させる

グラデーションの色も透過できます。2色でも、3色でもそれぞれの色の透過を%で指定できます。

タイトルの場合

透明度：0%　透明度：100%

2色のグラデーションで、2色とも同じ色にし、片方の色だけ100%透過にすることで背景と違和感なくなじむ。

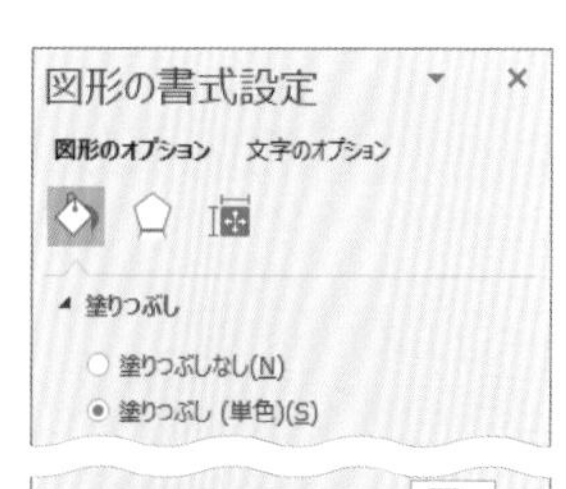

16 図形の選択と背面前面の考え方

図形の選択

図形の選択は、**対象の図形をクリック**するか、「ホーム」タブ内にある「選択」の下矢印をクリックし、「オブジェクトの選択と表示」をクリックで、画面内にあるすべてのオブジェクト一覧が出るので、この**一覧をクリック**することで選択することもできます。

図形を複数選択するときは、Shift か Ctrl キーを押しながらクリックで選択していきます。一覧からは Ctrl キーを押しながらクリックです。

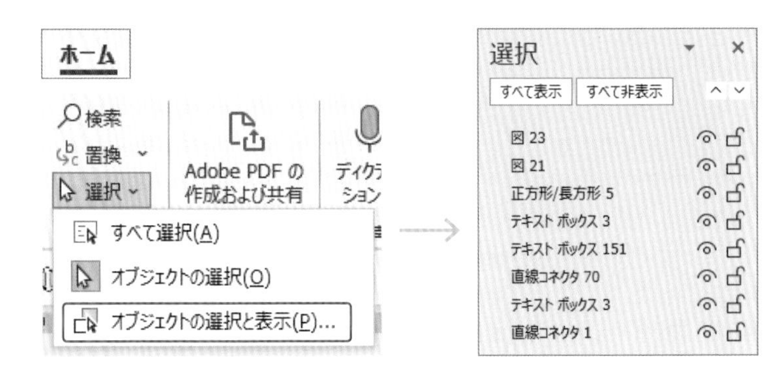

背面前面図

背面前面図は、対象となる図形を選択し、「ホーム」タブ内にある「配置」から指定します。また、上記で紹介した「オブジェクトの選択と表示」で一覧上で背面前面を編集することも可能です。

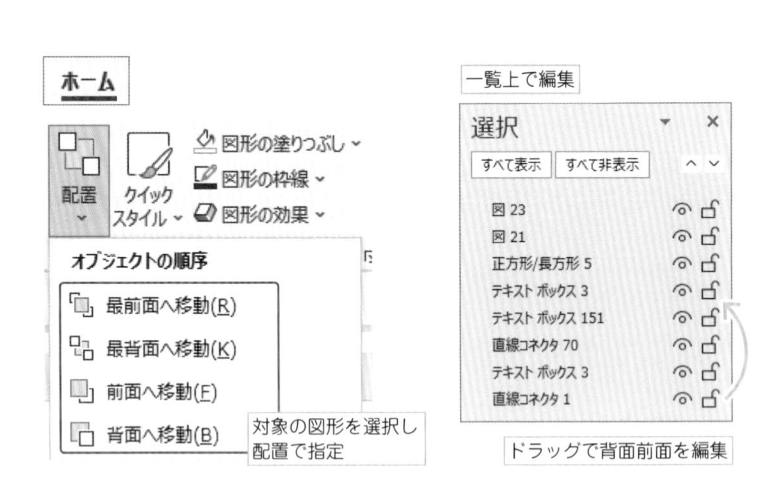

17 「配置」と「回転」

配置

配置は、縦横をキレイに整列させる機能です。「ホーム」タブ内の「配置」または、「図形の書式」タブ内の「配置」から指定できます。

- 対象の図形を１つ選択した状態だと、スライドの端や中央に合わせて整列します。
- 複数図形を選択すると、選択した図形を基準に整列します。

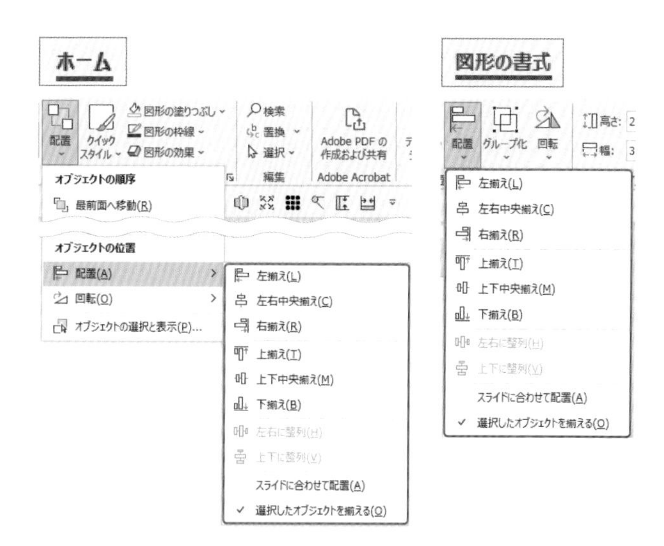

回転

回転は、オブジェクトを選択したときに上部にある**回転マークをドラッグ**で回転（Shift キーを押しながらで一定の角度で回転させることもできる）させるか、「ホーム」タブ内の「配置」、または、「図形の書式」タブ内の「回転」から指定できます。

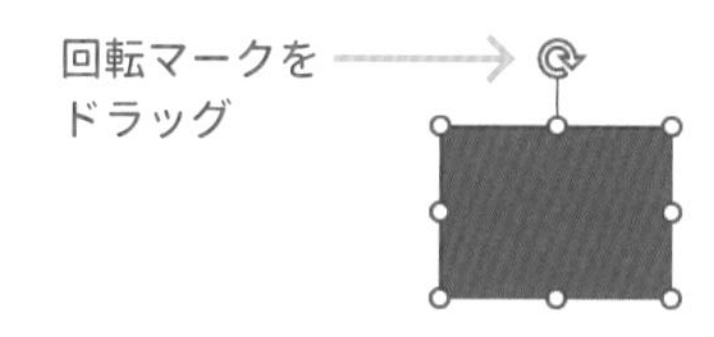

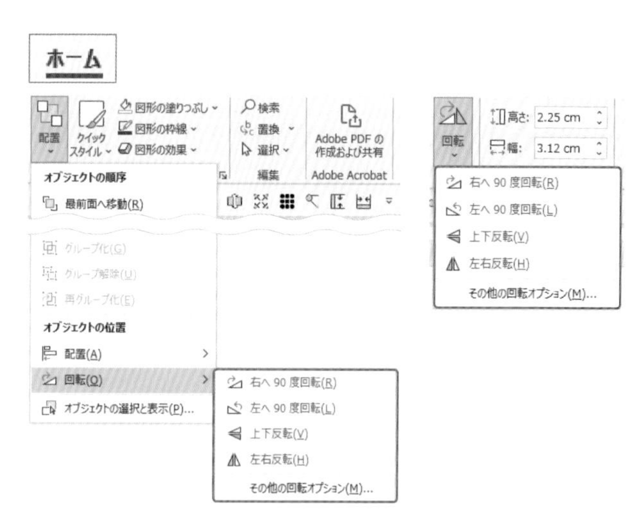

18 色々使える「図形の効果」

影はなるべく使用しない

影はデザイン的に立体感を出すことに意味があるとき以外は、できるだけ使用しないことをおすすめします。なんとなくつけた影は単なるノイズになることが多いです。

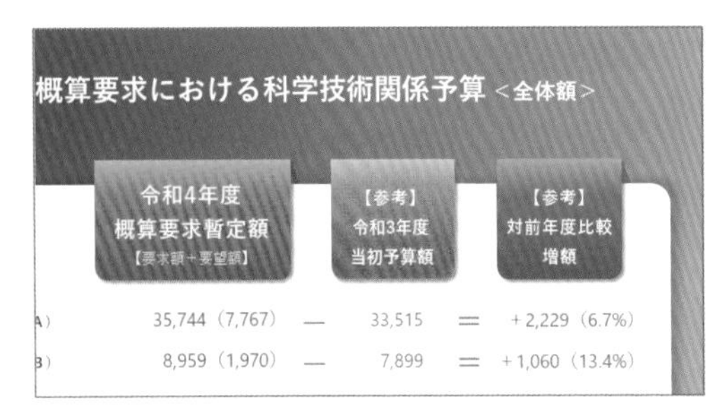

使用するときは立体的に見せることを前提としたあしらいなどです。

影の設定は、図の書式設定内の「影」から設定することができます。

影を飾りとして活用する

影機能は影として扱わずに、設定を変えることであしらいとして活用できます。色や角度などを調整するとこのように使えます。

透明度0%、角度180度、ぼかし0にし、距離を調整することで、図形の飾りとして活用することもできます。

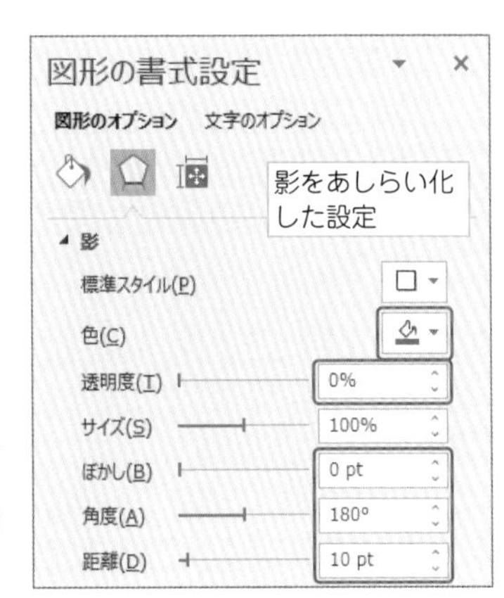

特に強調したいときに「標準スタイル」を活用する

特に強調して見せたいときには、「標準スタイル」の中から選択することも有効です。ただし、1スライド内に1種類程度に留めましょう。複数使うと雑多な印象になります。

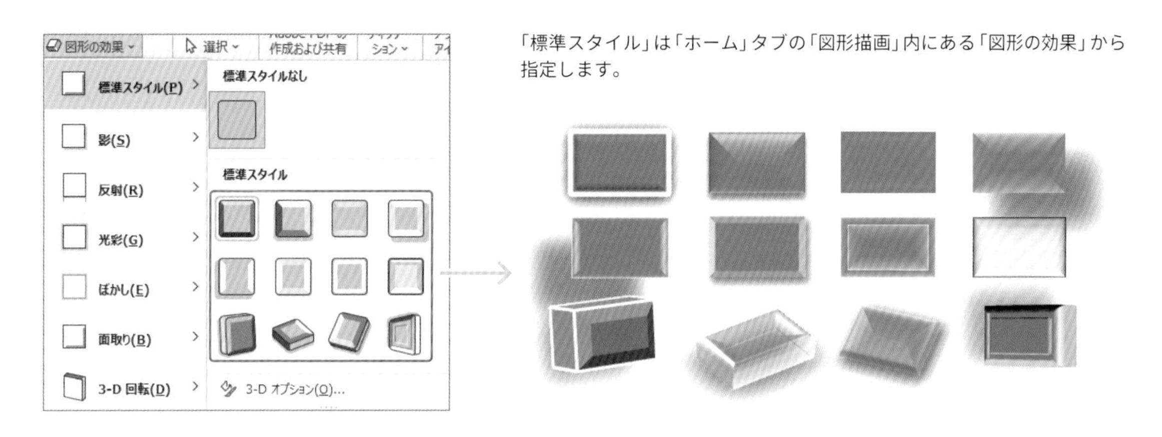

「標準スタイル」は「ホーム」タブの「図形描画」内にある「図形の効果」から指定します。

3D回転で奥行きを演出する

スライドに奥行きを持たせたいときは3D回転を活用します。こちらの効果も奥行きを出す意味がある場面でのみ使用するようにしましょう。

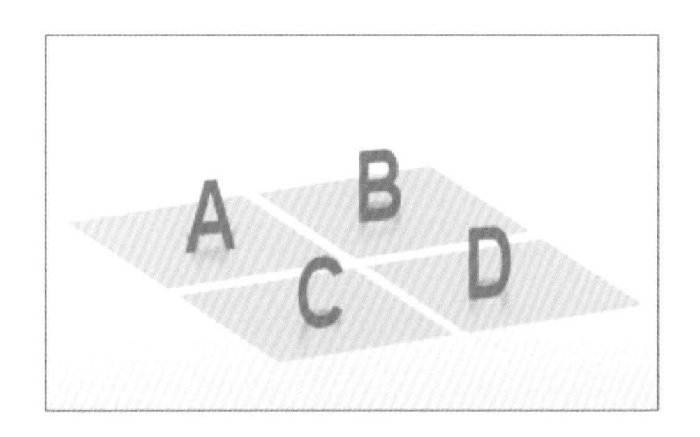

「3D回転」は「ホーム」タブの「図形描画」内にある「図形の効果」から指定します。「図の書式設定」内で細かく数値設定もできます。

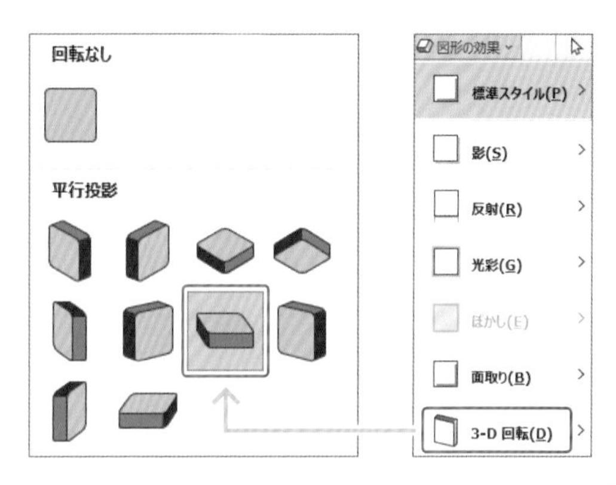

19 スライドを楽しくさせる「図形の結合」

「結合」「切り出し」でベン図を加工する

図形の結合はベン図のときによく使います。必要に応じて使いこなせるようにしておきましょう。
(「図形の書式」タブ➡「図形の挿入」カテゴリー➡「図形の結合」)

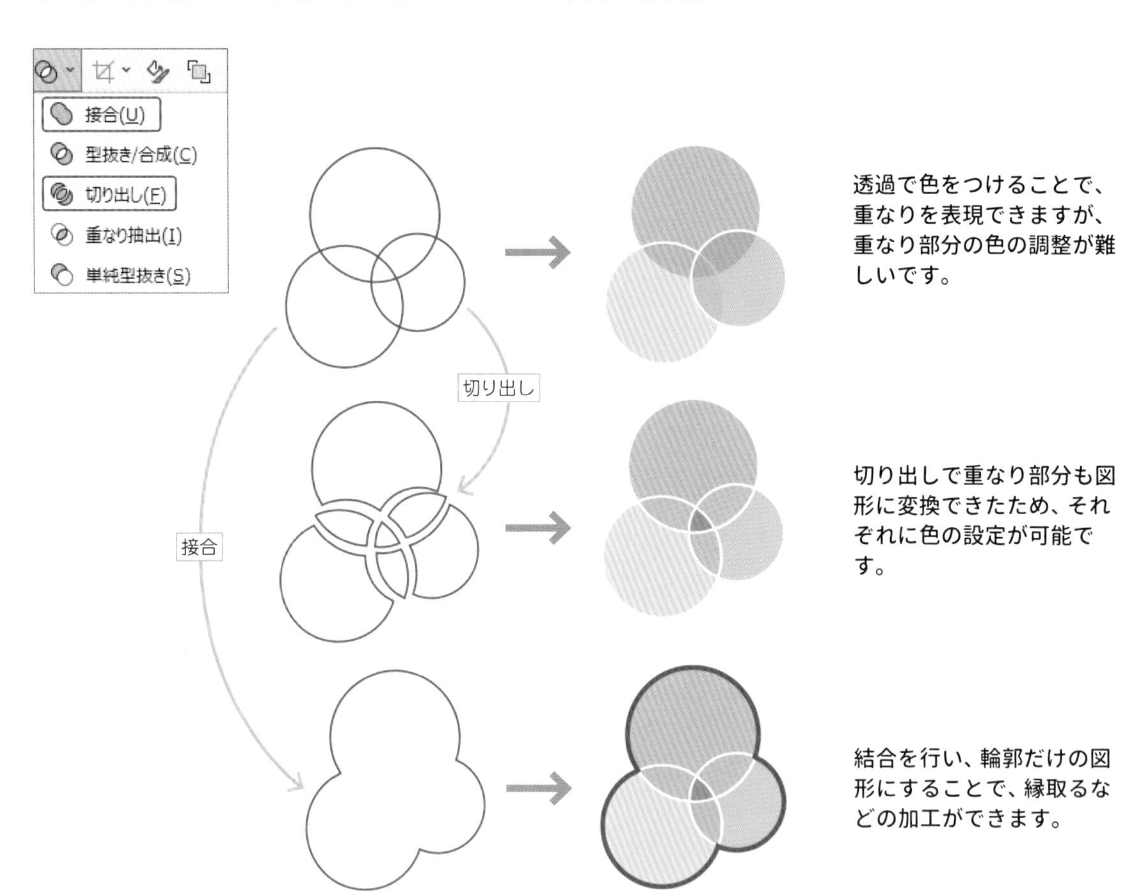

透過で色をつけることで、重なりを表現できますが、重なり部分の色の調整が難しいです。

切り出しで重なり部分も図形に変換できたため、それぞれに色の設定が可能です。

結合を行い、輪郭だけの図形にすることで、縁取るなどの加工ができます。

「重なり抽出」「単純型抜き」で飛び出した図形・画像をカットする

レイアウトの都合で、スライド外に飛び出した図形や画像は、印刷やスライドショーでは見えないので問題はないですが、編集時に気を散らせてしまうので、できればカットしましょう。

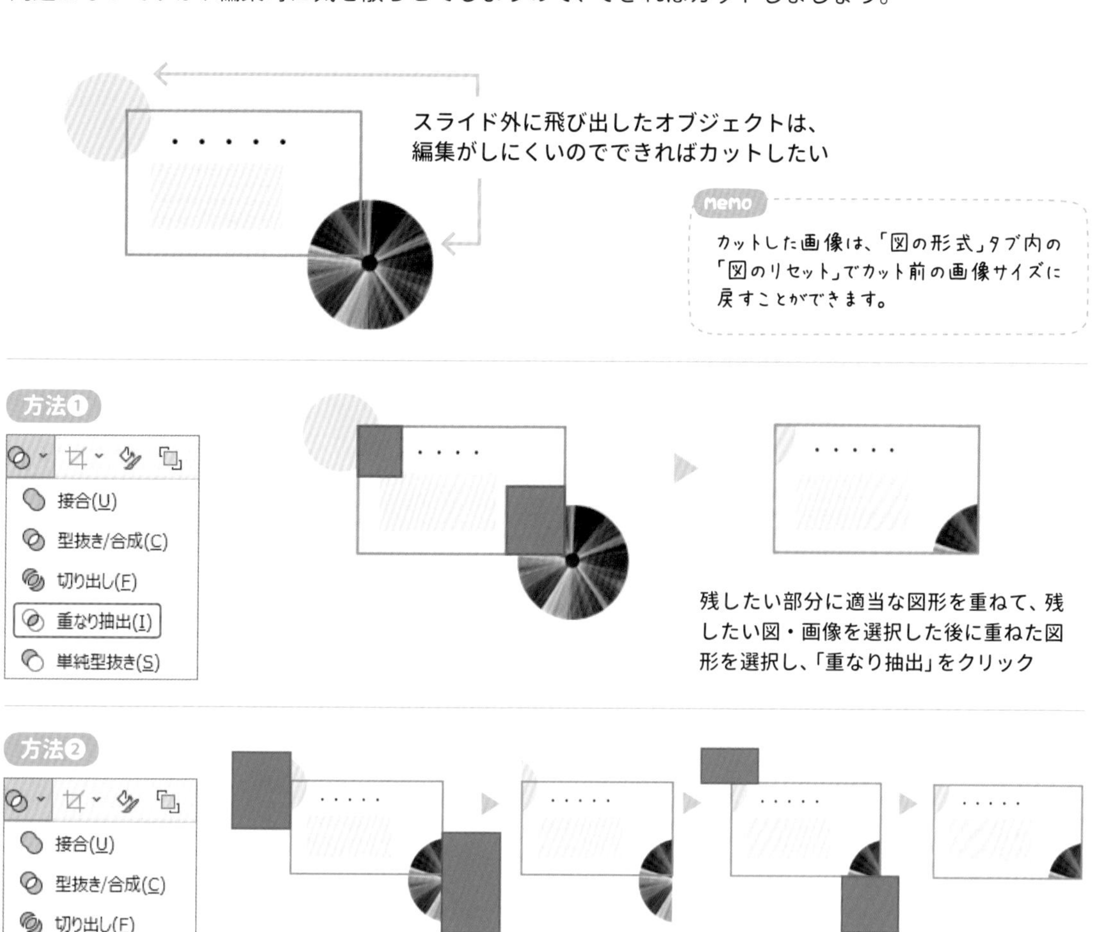

20 伝わるを作る「アイコン活用」

アイコンを組み合わせる

アイコンは直感的に意味を伝えることができるため、1スライド内の要素が多い場合などに活用すると見る人の負担を減らすことができます。

そのまま活用

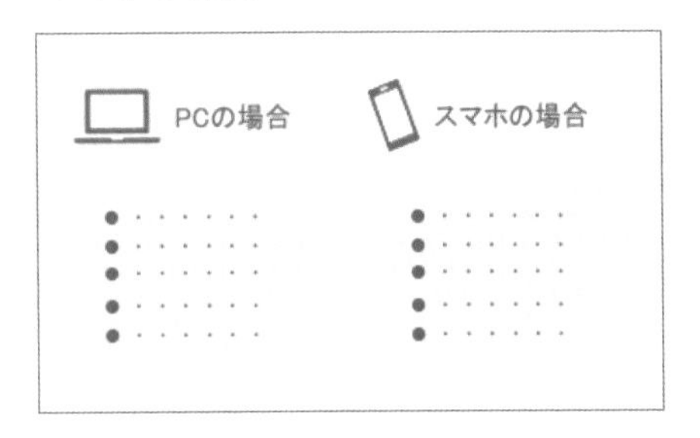

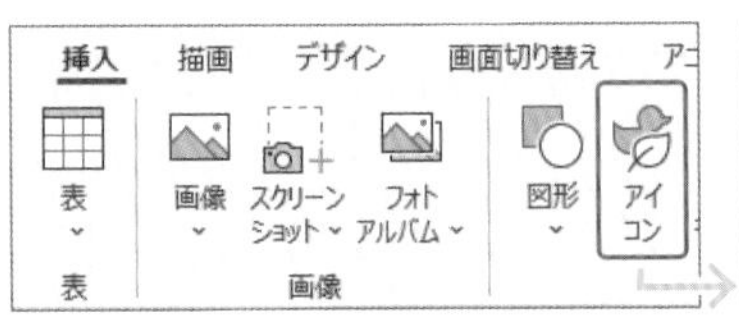

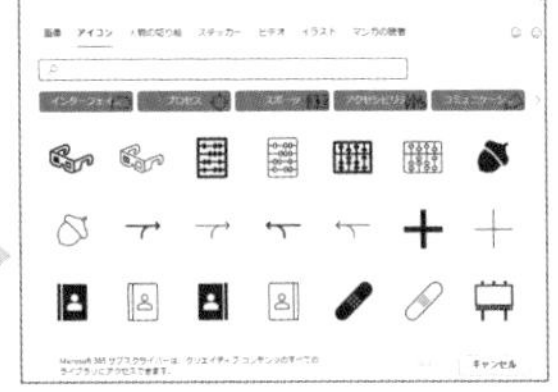

「挿入タブ」→「アイコン」で適当なアイコンを選択して挿入

組み合わせて活用

手厚いケア

持続可能な街

デジタル
トランスフォーメーション

+ DX

フリーのアイコンを活用する

ネット上にはフリーで使用できるアイコンもあります。必要に応じてネットからも探せるようにしておくといいでしょう。以下は私がよく活用するサイトです。他にもフリーで使用できるサイトはたくさんあるので探してみてください。

ICOOON MONO

https://icooon-mono.com

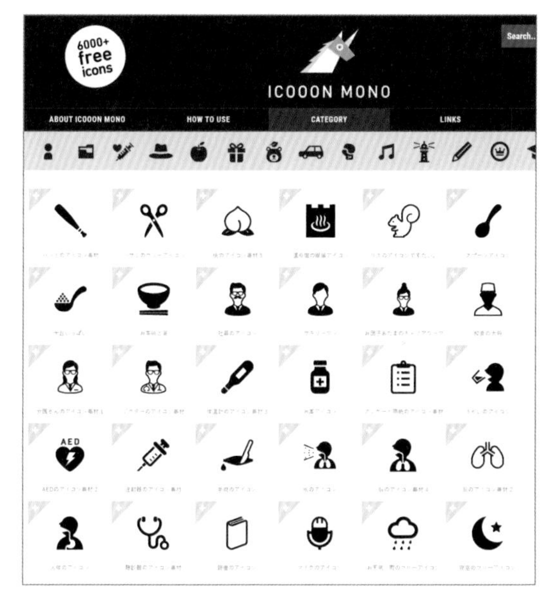

商用利用可能
PNG、JPG、SVGでのダウンロード可能

ヒューマンピクトグラム2.0

https://pictogram2.com

商用利用可能
Ai、PNG、JPGでのダウンロード可能

memo

ネット上で探す場合は、各サイトの利用規約をしっかりと確認し、規約に沿った利用を心がけましょう。

21 今っぽいデザイン「浮かび上がる表現」

見せ方にこだわった浮かび上がる表現

ニューモーフィズム（Neumorphism）とは、ベースとなる背景から要素が押し出して見えたり、窪んで見えたりする表現のことで、シンプルですが見せ方にデザイン性の高さを感じさせてくれます。洗練された印象を必要とする資料などで使用すると効果的です。

作成方法

❶ 背景色と同色のオブジェクトを２つ配置します。

❷ 外側のオブジェクトの枠線をなくし、グラデーションを設定します。

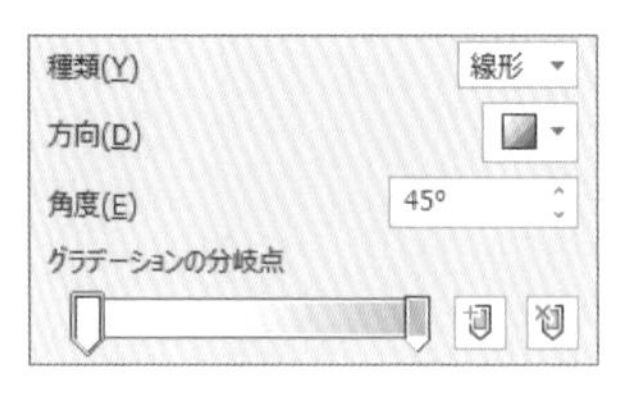

③ 内側のオブジェクト枠線を取り、外側のオブジェクトにぼかしの効果を適当に設定します。
これで浮かび上がるオブジェクトの完成です。

④ ②のグラデーションの色の方向を反対にし、内側のオブジェクトにぼかしの効果を適当に設定します。

これで窪んで見えるオブジェクトの完成です。

⑤ 色の設定を変えることで濃い色での表現も可能です。

memo

これは制作に手間がかかる表現です。1つの資料で特に伝えたいスライド1枚に使用するなどに、留めておいた方がいいでしょう。資料全体に使用したい！という方を止めるものではありませんが…。

22 さりげなく輝く「矢印」の見せ方

矢印を主役にしない

矢印は脇役です。目立ちすぎないようにしましょう。小さくても十分伝わりますし、その他の要素も読みやすくなります。

矢印が悪目立ちしています。

矢印は小さく、色を薄く控えめにしても、その機能は果たせます。

変化を表現

変化を表現するときは、いわゆる矢印や三角を使用することが多いです。資料の中で、いくつかの種類を使用するときは、種類に合わせて役割のルールを決めるといいでしょう。

細かい説明部分は三角形を使用し、まとめテキストへには矢印にするなど、ルールを決めます。

関係性を表現

関係性を表現するときは、図形の矢印よりも線の矢印でつなげて表現した方がわかりやすいです。つなげる矢印は、図形描画の「線」内にある「コネクタ」（P176参照）を使用すると便利です。

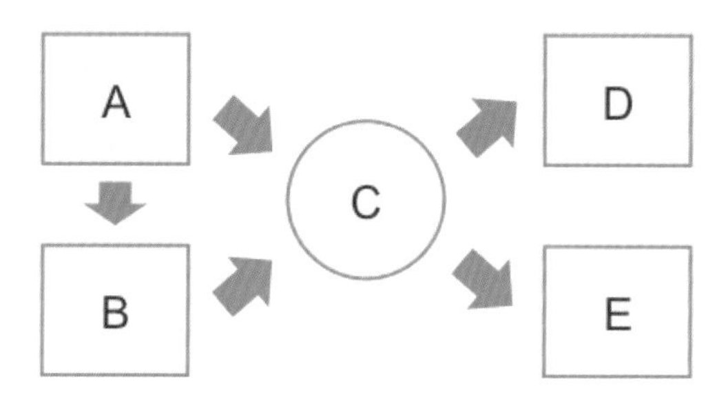

図形の矢印でも表現できますが、
矢印が目立ちすぎるのと、
つながっていないため少しわかりにくいです。

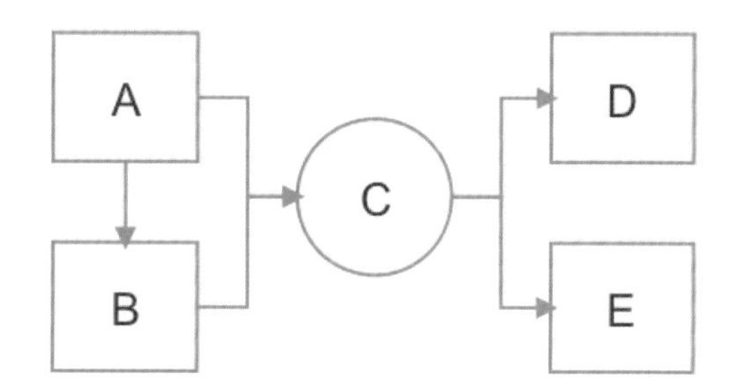

線の矢印でつなげて表現すると、
関係性がわかりやすくなります。

流れ（フロー）を表現

流れを表現するときに矢印を使用してもその目的を果たせますが、図形そのもので表現すると文字の記入スペースを取りやすくなります。

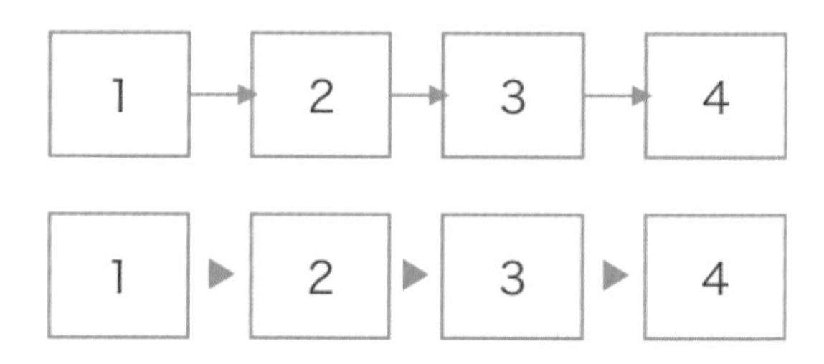

線の矢印や、三角形でも表現できますが、矢印分のスペースを取ってしまうのと、「ボックス」と「矢印」の２要素となり情報が増えます。

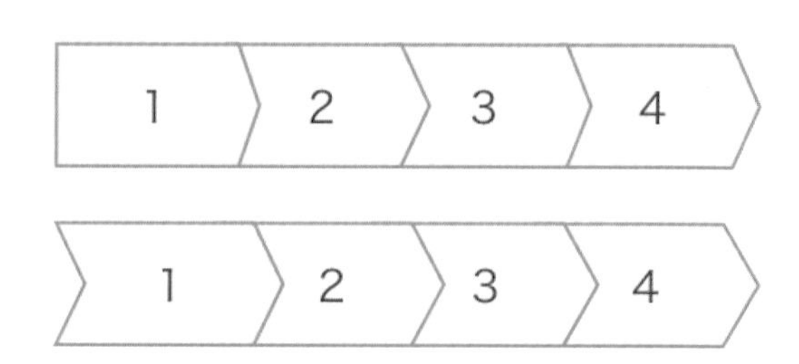

ホームベース型や矢羽の図形で表現すると、
矢印分のスペースを活用できるのと、
「ボックス」の１要素だけで流れを表現できます。

23 使えると便利「線とコネクタ」

線の種類

線は「ホーム」タブ内の図形描画の中にあります。

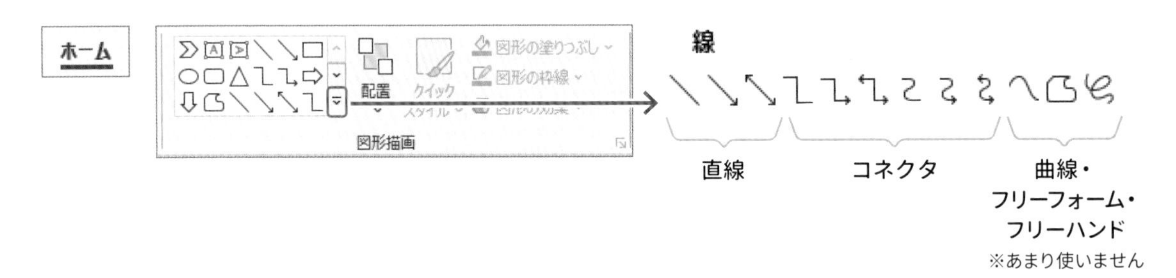

直線はドラッグしながら長さを決めます。その際 Shift キーを押しながらドラッグすると一定の角度で線を引くことができます。

コネクタは、図形に近づけると接続できる部分に丸いマークが出るので、そこからドラッグし、別の図形の接続場所でマウスボタンを放すとつなげることができます。図形を動かしても線はつながったままになります。

曲線・フリーフォーム・フリーハンドは、使用する機会は少ないですが、使いこなすと様々な形を作ることができて便利です。曲線・フリーフォームはクリックで形を作っていき、フリーハンドはドラッグしながら線を引きます。一度、こんな機能もあるんだと試してみてください。

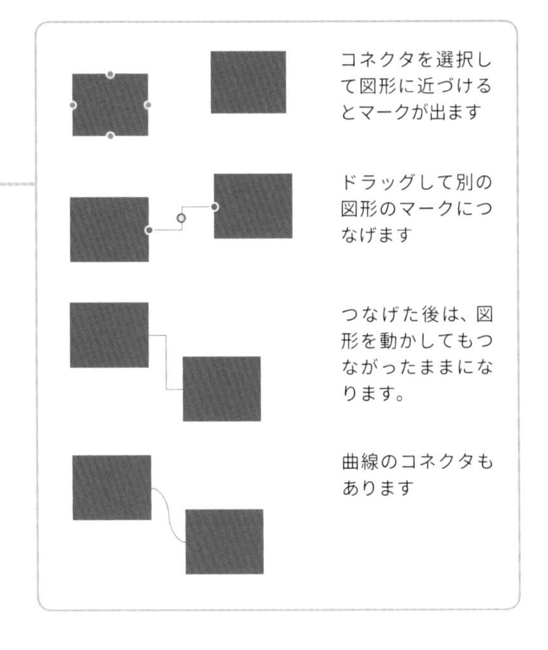

「頂点の編集」で描く

あまり使用する機会はないですが、図形や線を右クリックすると「頂点の編集」という項目があります。こちらを選択すると、図形や線を任意の形にすることが可能です。ただし、かなりの難易度なので試される方は覚悟をしてください。

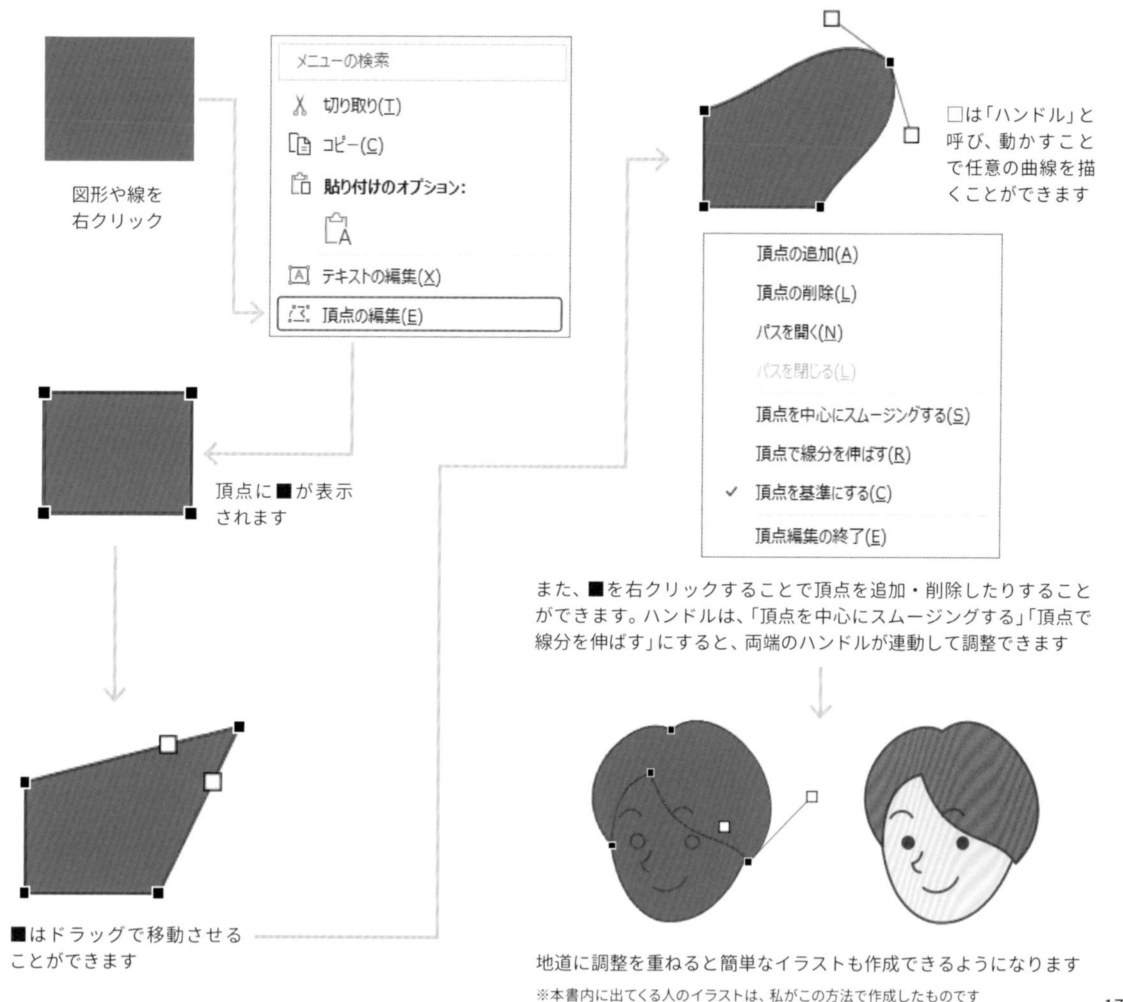

24 イメージを膨らませる「画像の活用」

具体的なイメージを伝える

画像は資料を見る人に文章よりも、直感的なイメージを与えることができます。具体的な情景を伝える内容で使用すると効果的です。ただし、画像はイメージを固定化しやすいので、解釈に幅を持たせたいときはアイコンなどを使用する方がいいでしょう。

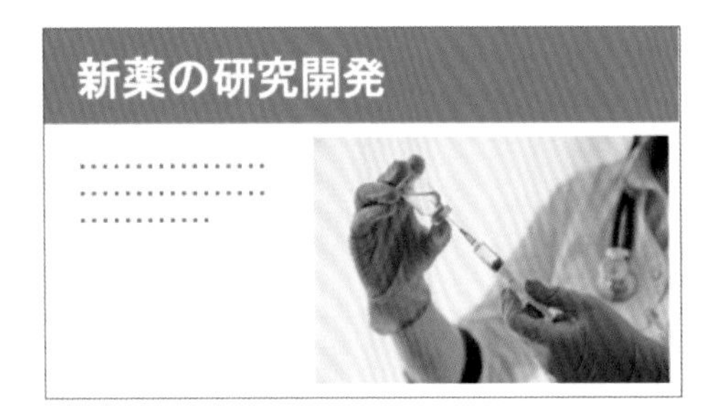

抽象的な画像でイメージを補完する

スライド全体に画像を敷くことでそのスライドの雰囲気を感じさせることができます。ただし、画像がノイズになることもありますので、印象に残したいスライドで使用すると効果的です。

資料に合わせて画像を加工する

簡易的にですが、画像をPowerPoint上で加工することができます。その機能を利用して、画像の雰囲気をスライドの内容と合わせていきましょう。

画像の透明度を変更

→

図の書式設定の「図の透明度」から数値を指定します。

スライダーで選択することもできる

画像の色味を変更

→

画像を選択し、「図の形式」タブ→「調整」→「色」から選ぶことができます。

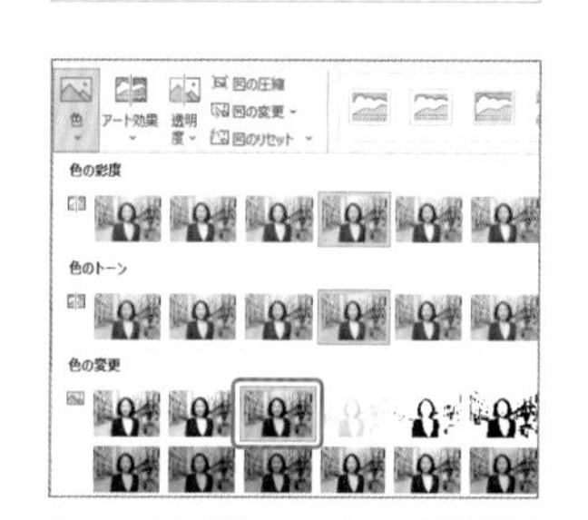

加工後のイメージを見ながら選択できる

画像の明るさ、コントラストを変更

→

図の書式設定の「図の修整」の「標準スタイル」から、明るさ、コントラストの数値を指定します。

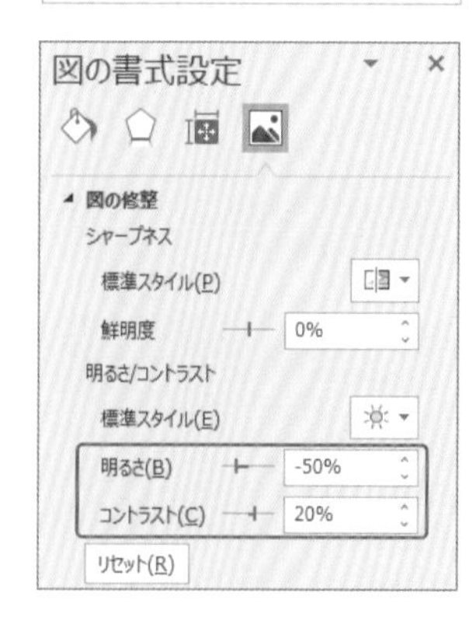

25 画像を整える「トリミング」

レイアウトに合わせて縦横をトリミング

トリミングは画像を選択し、「図の形式」→「トリミング」で調整できます。縦横のサイズを調整したり、限られたエリアで画像を拡大して見せたりできます。

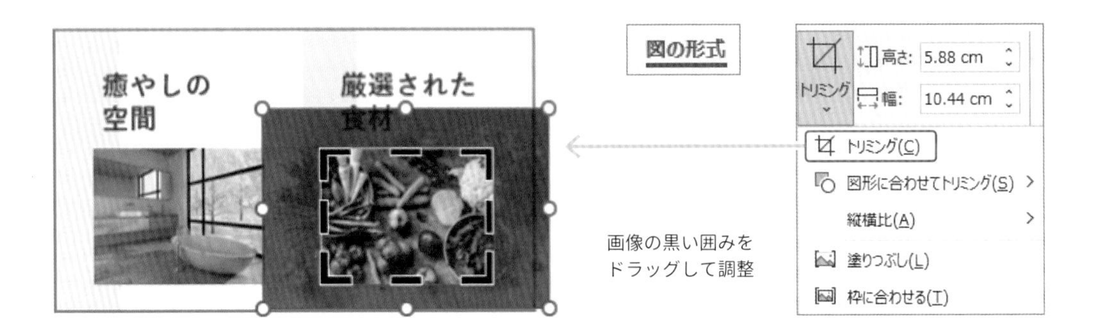

画像の黒い囲みをドラッグして調整

図形の形にトリミング

図形に合わせたトリミングを活用することで、より印象深いスライドを作成することができます。画像に合わせて様々な見せ方が考えられます。色々と試してみましょう。

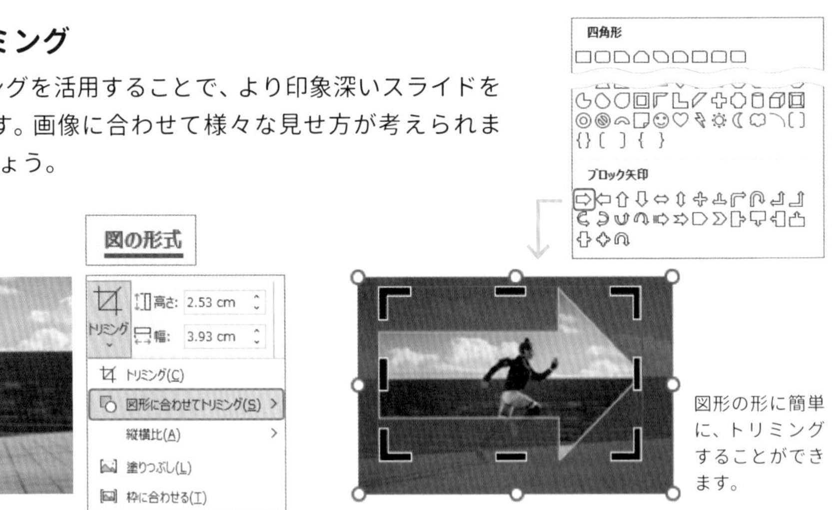

図形の形に簡単に、トリミングすることができます。

重なり抽出を使ったトリミング

「図形の結合」を活用しトリミングすることも可能です。例えば、画像を切り抜きたいときなどに活用します。

トレース前

例えば左記の画像の山の稜線部分を切り抜きたいときは、「線」の「**フリーフォーム**」を使用し、地道にクリックをして山の形をトレースします。

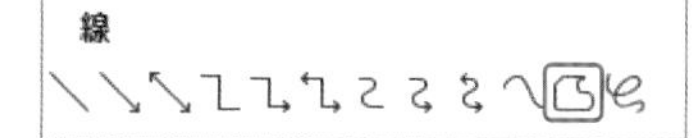

フリーフォームはクリックしていくことで自由な図形を作成できます。

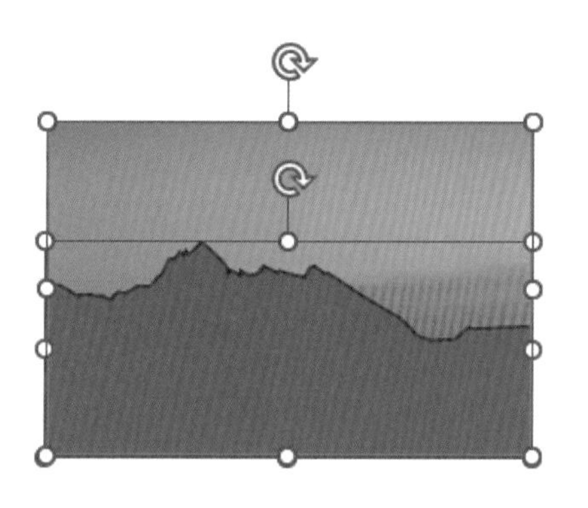

トレース後

画像を選択し、その後にフリーフォームの図形を選択し、重なり抽出を選びます。選択する順番によってどちらを抽出するか変化します（先に選択した方が残ります）。

図形の書式
図形の編集
テキスト ボックス
図形の結合
接合(U)
型抜き/合成(C)
切り出し(F)
重なり抽出(I)
単純型抜き(S)

山の部分だけ切り抜く

重なりを抽出すると、山の部分だけが切り抜かれて残ります。その後ろに文字などを配置することで、立体的な見せ方などが可能になります。

26 心惹かれる「グラフ」の作り方

棒グラフの見せ方

スライドで使う棒グラフは、補助線などのなくても問題がない要素を削り、見せたい部分を強調することがポイントです。

デフォルトのグラフ

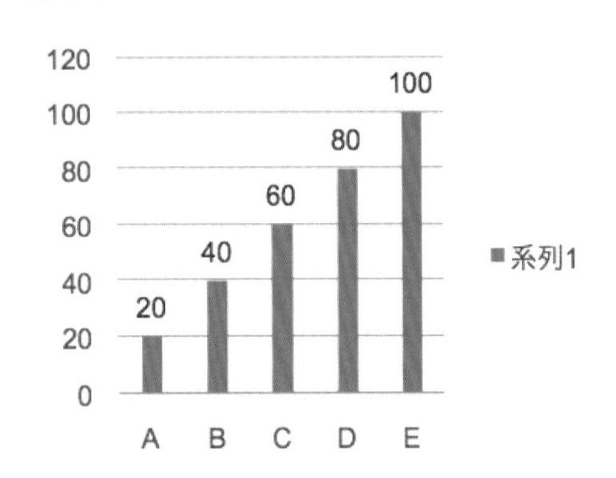

様々な要素が多く、見づらい。

不要な要素を削ったグラフ

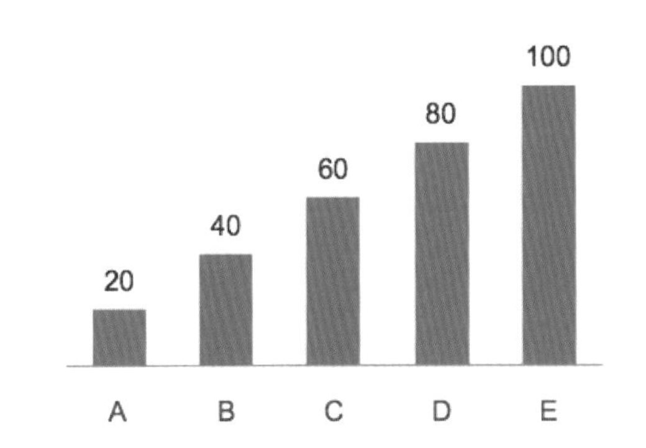

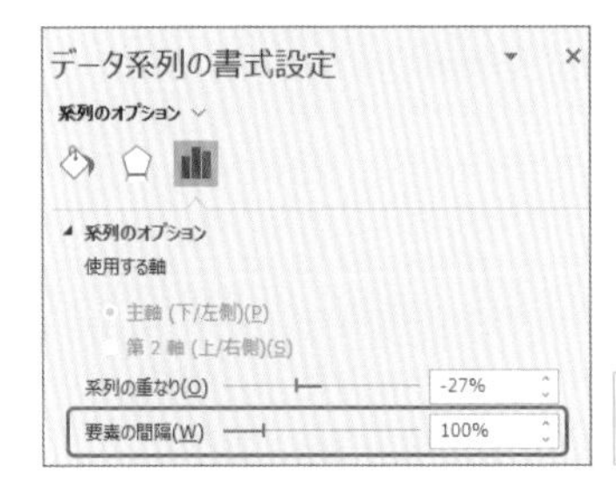

棒グラフの幅を調整します

memo

縦軸、横軸の数値や項目、目盛り線、凡例などの要素は直接クリックすることで選択できます。選択後「Delet」ボタンで削除が可能です。

元のグラフ --→

- 目盛線を削除
- 凡例を削除
- 棒グラフの幅を調整

一部を強調したグラフ

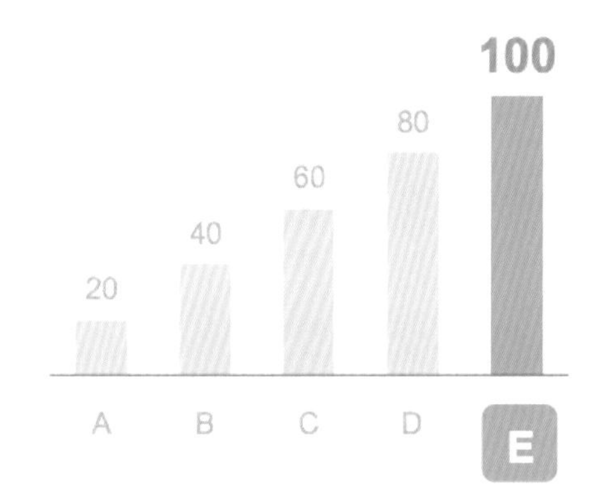

グラフ内の要素を1つずつ選択して、色を変更します。
図形で項目を作成して、グラフの上に載せて強調します。

アイコンを活用したグラフ

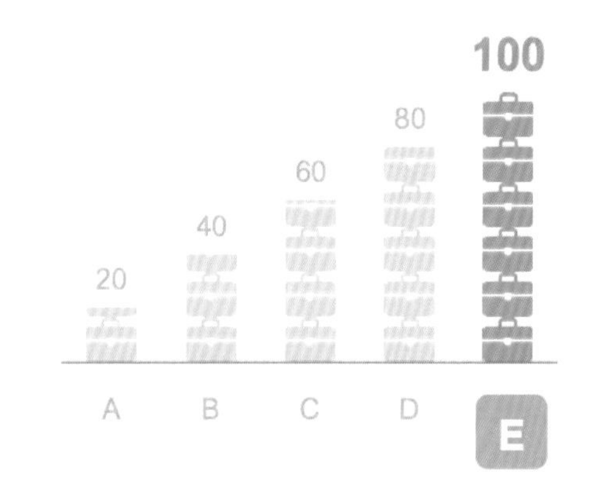

❶あらかじめ入れたいアイコンをコピーします。
❷棒グラフ部分を選択し、「塗りつぶし（図またはテクスチャ）」を選択し、「クリップボード」を選ぶとアイコンが反映されます。

他にも、「挿入する」から画像やアイコンを選択する方法もあります。

・見せたい部分以外を薄い色に
・見せたい数値、項目を大きくし、色を変える

→

・棒グラフ部分をアイコンに変更

■ 円グラフの見せ方

スライドで使う円グラフは、見せたい部分を強調することがポイントです。円グラフは、できるだけ凡例を円グラフ内に入れ込むことでわかりやすくなります。

デフォルトのグラフ

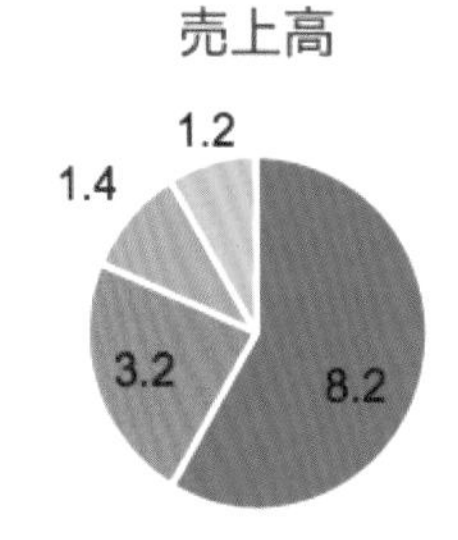

■第 1 四半期 ■第 2 四半期
■第 3 四半期 ■第 4 四半期

色数が多く、見づらく、凡例と数値が離れているためわかりづらいです。

MEMO

タイトル、数値、凡例などの要素は直接クリックすることで選択できます。選択後「Delete」ボタンで削除が可能です。

凡例をグラフの中へ

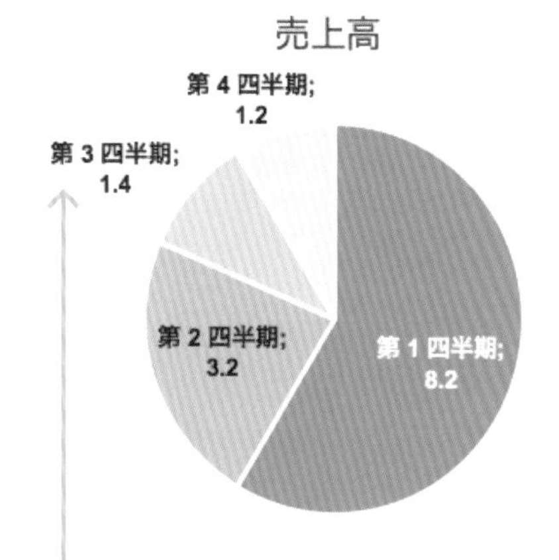

分類名もデータラベルとして表示!

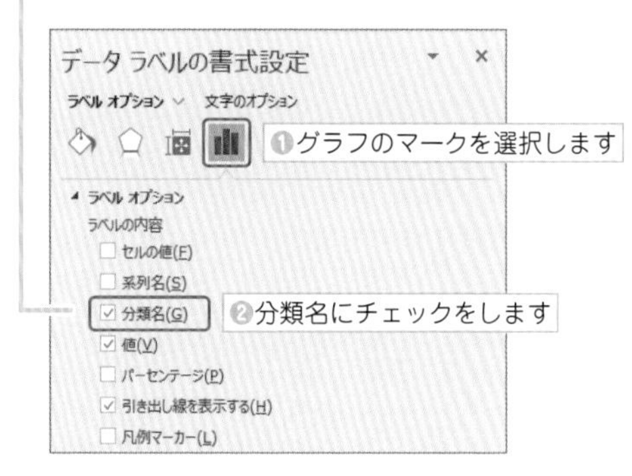

元のグラフ →

- **凡例を削除**
- **凡例をグラフ内に表示**
- **色のトーンを合わせる**

→

一部を強調をしたグラフ

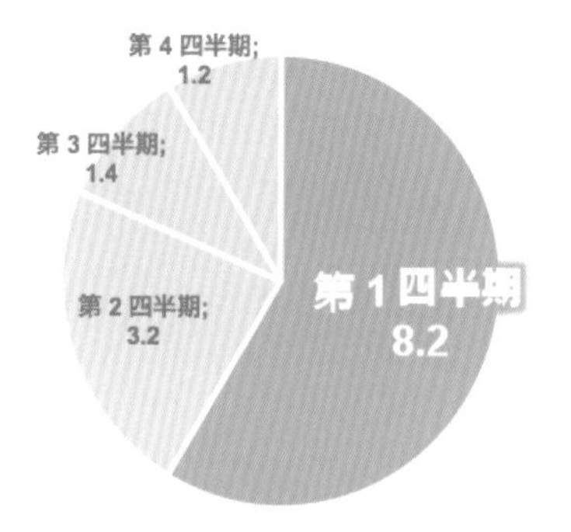

グラフ内の要素を1つずつ選択して、色を変更します。
別途でテキストを作成して、グラフの上に載せて強調します。

memo

濃い色ベタの上に白文字を大きく配置すると、グラフを飛び出す場合があります。そういったときは、図形の書式設定の中の「文字のオプション」にある「光彩」を使用します。

- 見せたい部分以外を薄い色に
- 見せたい数値、項目を大きくし、色を変える

伝えたいことのみに

円グラフの中心に丸の図形を配置し、強調したいグラフ部分と同じ色で、項目と数値を表示します。

memo

こういった表現は、詳細を検討するためのレポート資料などでは使いませんが、プレゼンなどの提案資料では一目で言いたいことが伝わるため使用することが多いです。

- 場合によっては、強調したい数値のみ残して他の数値を削除

折れ線グラフの見せ方

折れ線グラフは思い切って、見てほしい線以外を、目立たなくするのも一つです。
できるだけ凡例を対象の折れ線グラフの近くに配置することでわかりやすくなります。

デフォルトのグラフ

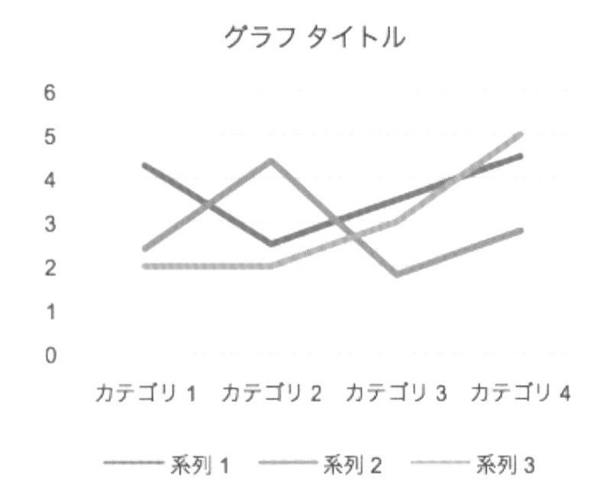

色数多く、見づらい。また凡例と数値が離れているためわかりづらい。

凡例をグラフ内に

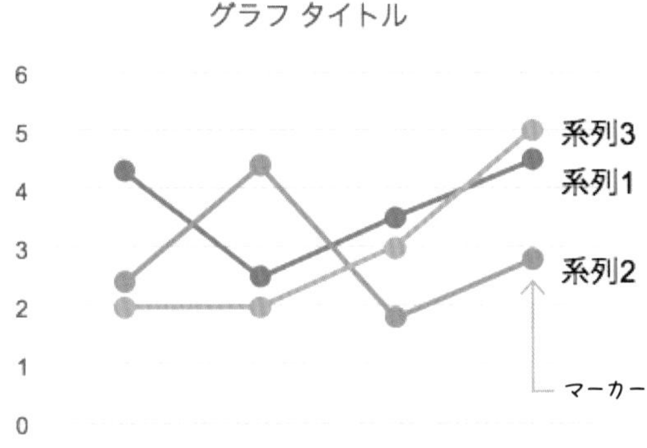

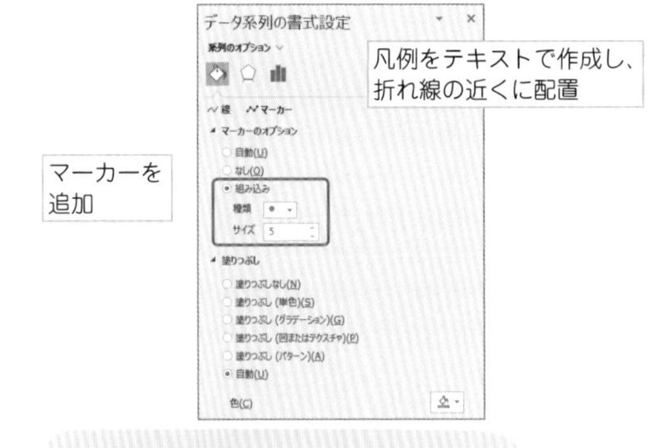

memo

縦軸、横軸の数値や項目、目盛り線、凡例などの要素は直接クリックすることで選択できます。選択後「Delete」ボタンで削除が可能です。

元のグラフ → **・凡例を削除**
・凡例をグラフ内に表示
・マーカーを追加 →

一部を強調したグラフ

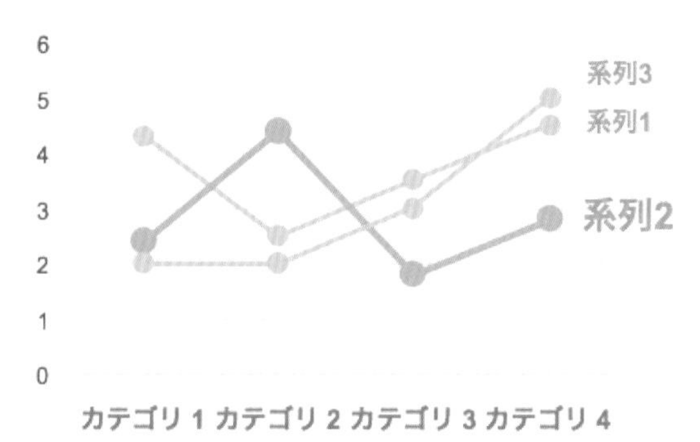

グラフ内の要素を1つずつ選択して色を変更。
線の太さや色で見せたい折れ線を強調。

memo

強調したい項目以外は、思い切ってすべて同じ色のグレーにするのが強調のコツです（凡例を近くに配置しているので見分けはつく）。

- 見せたい部分以外を薄い色に
- 見せたい数値、項目を大きくし、色を変える

さらに一部を強調したグラフ

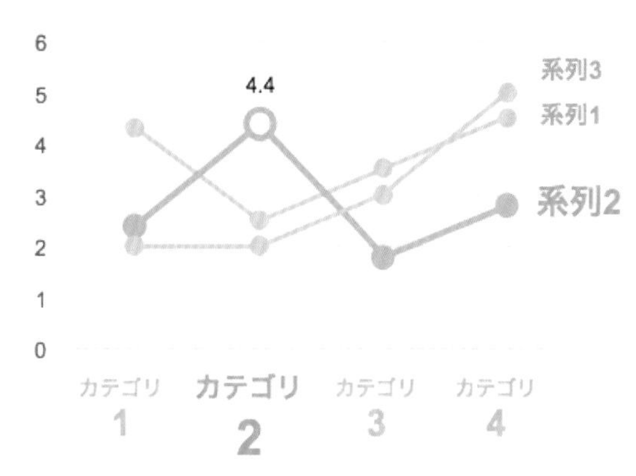

強調したい1箇所だけマーカーの見え方を変更し、数値を表示。
項目をテキストで入力し、強調。

memo

マーカー部分は2度クリックすることで個別に選択ができるので、1か所だけ表現を変更することが可能です。

- 強調したい箇所を他と見え方を変える

27 一目でわかる「表」の見せ方

縦線をなくす

表は罫線をすべてに入れてしまうと、どのように見ればいいか迷ってしまいます。縦線をなくすことで左から右への流れをベースに表を見ることができるようになります。

	A社	B社	C社
項目1	100	100	50
項目2	200	500	100
項目3	100	100	100

すべてをフラットに表現してしまうと、何をどう手がかりに表を見ていいか戸惑ってしまう。

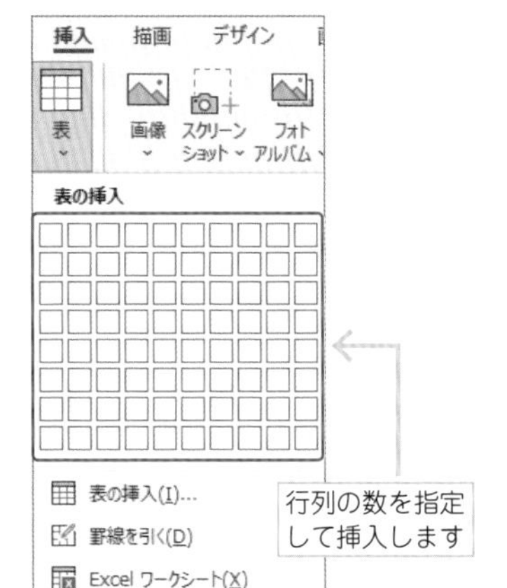

	A社	B社	C社
項目1	100	100	50
項目2	200	500	100
項目3	100	100	100

縦線をなくすことで左から右の流れを感じさせ、一番上の行には色を敷くことで情報のレベル分けを行う。

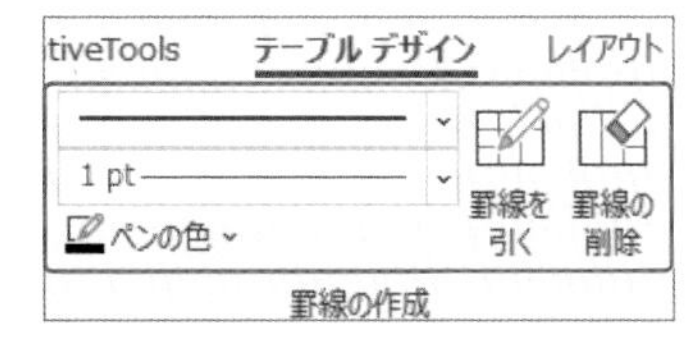

表を選択後に出てくる「テーブルデザイン」タブから、罫線の色や太さを指定し、足し引きを行います(選択して、表でクリックorドラッグ)。

表頭、表側を色ベタ白抜き文字にする

色ベタ白抜き文字を使用することで、その資料のベースカラーによるトーンを表現することができます。また、アクセントカラーを入れることでより強調することも可能です。

memo

罫線をすべて白にすることで、ベースカラーをスッキリと見せることができます。

	A社	B社	C社
項目1	100	100	50
項目2	200	500	100
項目3	100	100	100

罫線はすべて白にし、表頭、表側を色ベタにすることで、パッと見で情報の違いを印象づけることができる。

セルの大きさは、表の罫線をドラッグすることで変えることができますが、表を選択後に出てくる「レイアウト」タブの「セルのサイズ」からも数値で指定できます。

	A社	B社	C社
項目1	100	100	50
項目2	200	500	100
項目3	100	100	100

アクセントカラーを入れることでこの表で伝えたい場所を明確に示すことができる。

テーブル デザイン

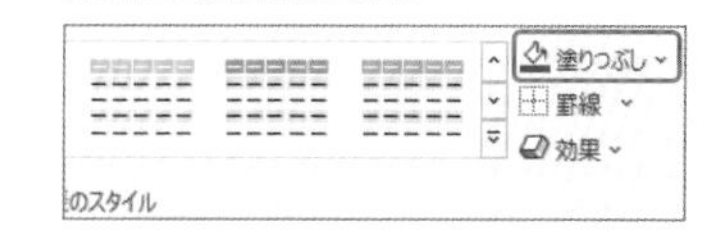

セルの色は、「図形の塗りつぶし」か、表を選択後に出てくる「テーブルデザイン」タブの「表のスタイル」内の「塗りつぶし」、もしくは表を右クリックで「図形の書式設定」から変えることができます。

おわりに

みなさん、資料を作成していますか。
本書を手にとっているということは、作成しますよね、資料。
他人の資料を見るのと、自分で資料を作成するのとではまったく別物ですよね。自分で作成すると想いが乗りすぎて知っている情報をすべて盛り込み、さらに全部を大きく見せたくなるものなのです。すごく良くわかります。

私はこれまで、そういった想いの乗った資料を20年以上リデザインしてきました。
主に企画書といわれるもので、そのまま相手に渡して先方の社内でひとり歩きしても大丈夫なことを前提とした資料がメインです。

想いがあふれた資料は、得てして見る人を引かせるぐらいの情報があふれてしまうことがあります。
せっかく苦労して作った資料、なるべくその想いを正しくわかりやすく相手に伝えたいものです。

本書のリデザインとは、「想い」をなるべく「正しくわかりやすく伝える」ための工夫をメインにしています。そうした工夫や試行錯誤をしていくことで、結果的にデザイン的にも美しく見えるリデザインにつながると考えます。

本書では、私がこれまでの経験を通して得た「正しく伝わりやすい」リデザインの考え方・コツを事例を、交えながら解説しました。

本書がみなさんの資料作りの一助となればとても嬉しいです。

廣島淳

参考資料

2-02
産業構造審議会イノベーション小委員会中間取りまとめ2020
「未来ニーズから価値を創造するイノベーション創出に向けて」……P32
https://www.meti.go.jp/press/2020/05/20200529009/20200529009.html
https://www.meti.go.jp/press/2020/05/20200529009/20200529009-1.pdf

2-03
内閣官房行政改革推進本部事務局
「各府省の取組において作成されたロジックモデルの例（令和3年度上期）」…P36
https://www.digital.go.jp/assets/contents/node/basic_page/field_ref_resources/5535bc46-b873-42a7-99d6-bb0b70e2470d/20211104_meeting_EBPM_17.pdf

2-04 2-21 2-22 2-23
経済産業省製造産業局 生活製品課住宅産業室
「経済産業省における住宅関連施策の動向」……P40, P108, P112, P116
https://www.meti.go.jp/policy/mono_info_service/mono/jyutaku/1905jyutaku_sesaku_doko.pdf

2-05 2-07
経済産業省「第4次産業革命について「産業構造部会 新産業構造部会」における検討内容」……P44, P52
https://www.meti.go.jp/shingikai/economy/daiyoji_sangyo_skill/pdf/001_04_00.pdf

2-06
内閣府「高齢社会対策会議資料（第22回）」……P48
https://www8.cao.go.jp/kourei/measure/taisakukaigi/22/pdf/s2.pdf

2-08
デジタル庁、総務省、文部科学省、経済産業省
「教育データ利活用ロードマップの検討状況について」……P56
https://cio.go.jp/sites/default/files/uploads/documents/digital/20211025_news_digitalagency_ideabox_01.pdf

2-09 2-19
農林水産省「我が国の食生活の現状と食育の推進について」……P60, P100
https://www.maff.go.jp/j/syokuiku/attach/pdf/index-13.pdf

2-10
内閣府「29年提案募集に関する説明会・研修会の開催実績」……P64
https://www.cao.go.jp/bunken-suishin/doc/kaigi29sanko-shiryou02.pdf

2-11
経済産業省 経済産業政策局「第10回 日本の「稼ぐ力」創出研究会
グローバルベンチマークについて 事務局説明資料」……P68
https://www.meti.go.jp/committee/kenkyukai/sansei/kaseguchikara/pdf/010_03_02.pdf

2-12 2-15
経済産業省「雇用関係によらない働き方」に関する研究会報告書（概要）」
……P72, P84
https://www.meti.go.jp/report/whitepaper/data/pdf/20170330001-1.pdf

2-13
経済産業省 経済産業政策局 産業組織課
「産業競争力強化法に基づく場所の定めのない株主総会制度説明資料」……P76
https://www.meti.go.jp/policy/economy/keiei_innovation/keizaihousei/pdf/221012_explanatory-materialr.pdf

2-14 2-17
経済産業省「第1回 安全機器の保安機能維持のための共通基盤技術の調査研究プロジェクト事後評価検討会」……P80, P92
https://www.meti.go.jp/policy/tech_evaluation/c00/C0000000H19/071109_lpg/lpg-5.pdf

2-16
内閣府科学技術・イノベーション推進事務局
「科学技術関係予算令和4年度概算要求について」……P88
https://www8.cao.go.jp/cstp/budget/r4gaisan.pdf

2-18
経済産業省資源エネルギー庁石油・天然ガス課
「メタンハイドレート研究開発の実施スケジュールについて」……P96
https://www.meti.go.jp/shingikai/energy_environment/methane_hydrate/pdf/038_06_00.pdf

2-20
経済産業省 産業技術環境局
「イノベーションを推進するための取り組みについて」……P104
https://www.kantei.go.jp/jp/singi/keizaisaisei/miraitoshikaigi/innovation_dai1/siryou5.pdf

2-24
経済産業省「令和3年度（2021年度）経済産業関係 税制改正について」……P120
https://www.meti.go.jp/main/yosan/yosan_fy2021/pdf/zeisei.pdf

2-25
経済産業省「第6回 産業構造審議会 2020未来開拓部会 3つのワークショップ」
……P124
https://www.meti.go.jp/shingikai/sankoshin/mirai_kaitaku/pdf/006_06_00.pdf

2-26
経済産業省「 第6回 産業構造審議会 2020未来開拓部会 11Projects」……P128
https://www.meti.go.jp/shingikai/sankoshin/mirai_kaitaku/pdf/006_04_00.pdf

25の実例で学ぶ！　ビジネス資料のRe:デザイン

2023年4月30日　初版　第1刷発行
2024年3月31日　初版　第3刷発行

著　　　者　　廣島淳
装　　　丁　　広田正康
発　行　人　　柳澤淳一
編　集　人　　久保田賢二
発　行　所　　株式会社ソーテック社
〒102-0072　東京都千代田区飯田橋4-9-5　スギタビル4F
電話（注文専用）03-3262-5320　FAX 03-3262-5326
印　刷　所　　図書印刷株式会社

Printed in Japan
ISBN978-4-8007-1315-5

本書に対する質問は電話では受け付けておりません。また、本書の内容とは関係のないパソコンやソフトなどの前提となる操作方法についての質問にはお答えできません。
内容の誤り、内容についての質問がございましたら切手・返信用封筒を同封のうえ、弊社までご送付ください。
乱丁・落丁本はお取り替え致します。

本書のご感想・ご意見・ご指摘は
http://www.sotechsha.co.jp/dokusha/
にて受け付けております。Webサイトでは質問は一切受け付けておりません。